赢在视觉

微店设计、修图、装修一本通

研美设计◎编著

U0310119

人民邮电出版社

北　京

图书在版编目（CIP）数据

赢在视觉：微店设计、修图、装修一本通 / 研美设
计编著. -- 北京：人民邮电出版社，2015.10
　ISBN 978-7-115-40352-0

　Ⅰ．①赢… Ⅱ．①研… Ⅲ．①电子商务—网站—设计
Ⅳ．①F713.36②TP393.092

中国版本图书馆CIP数据核字(2015)第205817号

内 容 提 要

　　伴随着移动互联网的快速普及，微店正在成为移动电商领域的焦点。虽然开设微店的门槛较低，但要想开一家生意红火的微店，就必须在装修、运营、客服这三个方面下功夫。其中，装修是影响顾客体验的关键因素，微店店主必须给予充分重视。

　　本书内容涵盖微店装修基本原则、首页设计、商品拍摄、图片美化以及商品详情页设计五大方面，能让读者对微店装修思路和相关操作流程有一个全面、细致的了解。书中有大量图文并茂的实操案例，即便是刚刚上手的微店卖家，也能迅速掌握操作方法。

　　本书适合广大微店店主以及想要开设微店的读者阅读。

◆编　　著　研美设计
　责任编辑　姜　珊
　执行编辑　田　甜
　责任印制　焦志炜

◆人民邮电出版社出版发行　　北京市丰台区成寿寺路 11 号
　邮编 100164　　电子邮件 315@ptpress.com.cn
　网址 http://www.ptpress.com.cn
　三河市中晟雅豪印务有限公司印刷

◆开本：700×1000　1/16

　印张：15　　　　　　　　　　　　2015 年 10 月第 1 版

　字数：100 千字　　　　　　　　　2015 年 10 月河北第 1 次印刷

定　价：39.00 元

读者服务热线：(010)81055656　印装质量热线：(010)81055316
反盗版热线：(010)81055315
广告经营许可证：京崇工商广字第 0021 号

前　言

　　10 年前，淘宝横空出世，很多人没有抓住这个机遇，结果追悔莫及。时光流转，如今已是移动互联网时代。这是一个充满了竞争的时代，但也是一个鼓励创新、鼓励创业的时代。微店的呱呱坠地，惊醒了那些错过淘宝的人们，这一次，他们不再犹豫。

　　微店的影响力越来越大，越来越多的人走上了微店创业的路，自然也就加入到了激烈的市场竞争中。那么，在微店商家越来越多的情况下，我们如何才能战胜如此多的竞争对手并脱颖而出呢？

　　我们都知道，微店是一个虚拟的线上店铺。顾客进入店铺后，看不到商品实物，只能通过图片和文字了解商品。因此，微店的装修至关重要，它不但能增加顾客对微店的信任感，而且对树立微店品牌起着非常重要的作用。如今，越来越多的微店店主已经形成共识：做好店铺装修是微店吸引顾客、促成交易的一个关键策略，甚至是微店经营的核心环节之一。

　　然而，装修店铺并不像想象中那么简单，店主不仅要了解微店首页的设计特点和框架，还要熟悉商品详情页的呈现特点，只有这样才能设计好微店首页和商品详情页。此外，商品图片的设计和处理也很重要。即便你售卖的商品质量非常好，但如果商品图片没有设计好，就无法将其特色和卖点很好地呈现给顾客。顾客会因为商品图片效果差而认为商品质量不好或没有特色，最终放弃购买。

现在是一个"读图时代"，在各种各样的网购平台上，有越来越多的商品图片冲击着顾客的视觉，顾客很容易产生"审美疲劳"。此时，商品图片后期处理的重要性就显现出来了。微店中的商品图片该如何做后期处理呢？其实并不复杂，我们可以用Photoshop和美图秀秀等图片处理软件来美化商品图片，通过裁剪、调色、添加特效、拼图等操作，让商品图片看起来更美观、更吸引人。当然，要想制作出完美的商品图片，光靠后期处理是不够的，前期的拍摄工作也是重要的一环。

总之，微店装修的主要目的就是吸引顾客，让顾客对店铺以及店铺里面的商品产生兴趣，进而促使顾客购买商品，提高店铺的销售量。为了帮助广大微店店主实现这一目标，本书从微店装修基本原则、首页设计、商品拍摄、图片美化以及商品详情页设计五大方面，以全图解的形式详细介绍了微店的装修原则、思路和具体操作方法。

这是一本通俗易懂的微店装修指导书，内容非常丰富，图文并茂，案例非常有针对性。我们希望这本书能帮助广大微店店主轻松完成店铺的装修工作，让自己的店铺看起来更美观、更吸引人，生意越来越红火。

在此要特别说明的是，本书是团队合作的成果，沈超、薛梅、王峻华、张明明、潘玉芳、王春梅、张佳通、林正琪、李金艳、陈彩月、张春梅、于建梅、刘星等人参与了收集资料、制图、编写等工作，在此向本书的所有贡献者一并致谢。

目　录

赢在视觉：微店设计、修图、装修一本通

第 6 章

微店商品详情页的设计

第 1 章

了解微店装修

对店主来说，微店页面就好比人的"脸"。如果店主不装修或不懂装修，那么微店就鲜有顾客光临，生意自然就比较惨淡。而一个经过精心装修的微店不但能够吸引顾客光顾，还能帮助顾客快速找到所需商品，从而大大提高顾客成交的概率。所以，微店店主应充分重视微店装修，认真学习有关微店装修的基本知识，并要很好地利用相关软件进行页面设计，不断提升店铺的外在形象，以达到提高销量的目的。

1.1 微店装修的重要性

微店开店门槛低，人人都可以尝试。正因为如此，要想将微店做好，从诸多同行中脱颖而出，卖家不仅要重视商品的质量和服务，同时也要在自己的"门面"上多下功夫。

对微店店主来说，微店的装修是非常重要的。因为店铺就好比你的"脸"，脸好看与否直接决定了他人对你的第一印象。如果顾客进入店铺后看到商品分类比较混乱或信息标注不清晰，他很可能会对店铺产生不好的印象，很快就因为体验的感觉太差而"溜之大吉"。这也是众多微店店主最不愿意看到的结果。相反，如果你的店铺装修漂亮、美观、设计合理，就一定会给顾客留下深刻的印象，从而增加顾客的购买欲望。

帮助顾客对个人品牌进行有效识别

要想在众多店铺中脱颖而出，让顾客对店铺印象深刻，就需要微店店主精心装修自己的店面。要知道，没有装修的店铺都是千篇一律的。如图1-1所示，简单的商品介绍和随意的商品摆放使得顾客不知道这个店铺卖的是什么品牌的防盗门。即便真有顾客购买，该微店也会因为看起来很不专业而导致商品卖不出高价钱，还会影响品牌的口碑。相反，装修过后的店铺特色鲜明（见图1-2），这种特色便是店主塑造店铺品牌的一张"王牌"，它能够起到品牌识别的作用。

图 1-1　没有装修的店铺

图 1-2　装修过的店铺

　　对实体店铺而言，对店铺进行装修能为店铺塑造更加完美的形象，从而让顾客对店铺的外在形象产生新鲜感。同样，一家微店也需要与众不同的店铺名称、独特的店招，以及有别于其他店铺的设计风格。这样不但更容易让顾客对品牌留下印象，还会使顾客产生心理上的认同感。

方便顾客寻找所需商品

　　一般来说，如果店铺没有进行合理的设计和装修，商品分类就会比较杂乱。顾客在浏览商品时就容易眼花缭乱，没办法轻松、愉悦地找到自己所需的商品。这不但浪费顾客的时间，还有可能使没有耐心的顾客放弃选购。店主也会因此失去很多成交的机会，同时失去很多潜在的长期客户。

相反，如果你的店铺有合理的分类、布局和精美的装修，店铺内的所有商品就会一目了然。那么，顾客进入店铺后就可以根据商品的分类（见图1-3）快速找到自己所需的商品。这不但节省了顾客的时间，还提高了交易成功率，同时也为店铺培养了一位潜在的长期客户。

图1-3　已装修店铺的商品分类

提高店铺的销量

如果你的店铺没有装修，就会给人一种单调、杂乱、不专业的感觉，这势必会影响顾客的购买欲望；相反，如果你的店铺经过精心装修，那么，当顾客进入店铺时就会因为漂亮、美观、专业的装修而增加对店铺的好感，从而更容易达成交易。

另外，只是浏览商品而没有购买需求的顾客也会因为如此漂亮的装修而产生将这个店铺收藏起来的冲动（见图1-4）。这样，你的店铺在无形中就多了一位潜在顾客。

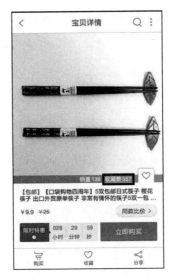

图 1-4　收藏店铺

　　总之，美观、专业的微店装修是微店获得成功的关键之一。无论你是微店新手，还是老手，都要重视店铺的装修工作，并要舍得投入。

1.2　微店装修的五大原则与案例解析

　　"人靠衣装马靠鞍"，微店也是如此，也需要装修来撑起自己的"门面"。然而，装修微店并不能随意为之，而是需要店主进行深入研究和精心设计。店主必须掌握有关微店装修的基本知识，并在装修过程中严格遵守微店装修的五大原则，这样才能装修出美观、雅致且深受顾客喜爱的微店店铺。

五大原则

　　就像漂亮的女人很容易获得他人的好感一样，一个装修精致的店面也会让人过目不忘、流连忘返。要想装修出一个精致、美观的微店店铺，店主就必须遵守如图 1-5 所示的五大原则。

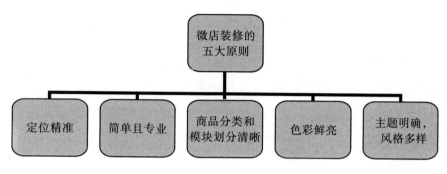

图 1-5　微店装修的五大原则

1. 定位精准

在装修微店之前，微店店主首先要对微店有一个精准的定位。如果定位不恰当、不准确、不清晰，就会使微店主题与品牌内涵产生冲突；而精准的定位不仅能够快速地塑造微店品牌，还能使自己的微店在目标消费者心中占据"第一"的位置，形成"第一"品牌的印象。当顾客有购买需求时便会在第一时间想到你。

进行定位时，店主首先要明确商品的价位的高低。其次，店主要根据商品的特点明确目标人群的定位，是男性还是女性，是年轻人还是中老年人等。最后，店主还要根据商品和目标人群的特点定位装修风格。在装修店铺的过程中，要将所有这些因素考虑进去，这样装修出来的店铺风格才能与品牌形象保持一致。

2. 简单且专业

微店装修要尽量简单、专业，简单主要体现在颜色不能太多、文字要简洁明了等方面；而专业主要体现在颜色搭配要合理、文字描述要突出商品卖点，并且与整体店铺风格要保持一致等方面。

3.商品分类和模块划分清晰

身为微店店主，一定要明白装修的目的是吸引顾客，给顾客提供一个良好的购物环境和购物体验。如果店铺的商品分类和模块划分比较混乱，顾客寻找东西时就很费时费力，继而产生反感。顾客一旦失去耐心就会选择离开，微店也就流失了大量潜在客户。

为了避免这种现象，在装修微店时，各位店主一定要注意商品分类，比如女装可以分为上衣、裤子、裙子等。同时，店主也要注意模块划分，比如限时折扣、店长推荐等。

4.色彩鲜亮

开设网店的大部分卖家在装修店铺时都喜欢使用深色系来提高品牌的档次，比如卖高档商品的网店会使用黑色系或枣红色系。但在微店中，即便再高档的品牌，如果全部使用深色系，也会使顾客感到压抑。同样的风格，为什么会有这么大的区别？

这是因为微店依托于手机或平板电脑等移动终端，屏幕较小，导致浏览面积和视觉冲击力都会受到一定的限制。因此，在装修微店时，如果色彩不够鲜亮，或者使用的是沉重的深色系，不但会引起顾客视觉上的不适，还会让顾客感到压抑、沉重，从而引起心理上的厌烦，继而导致顾客流失。那么，这样的店铺装修毫无疑问是失败的。所以，色彩的选择很重要，它虽不像文字那样直接向他人传达信息，但它也会间接地向他人传达情绪。

所以，我们在装修微店的过程中要尽量避开这些"雷区"，选择一些鲜亮的色彩。要知道，在时间碎片化的时代，人们渴求的就是轻松自在。一个色彩鲜亮的店铺总会让人感觉眼前一亮、心情愉快。只有当顾客的心情处于舒适、愉快的状态，他们才会对店铺内的商品感兴趣，才会产生继续浏览商品的意愿。

5. 主题明确，风格多样

为了吸引更多的潜在顾客，很多店主都会在节假日开展促销活动。为了提升促销活动的效果，我们就需要在装修上下功夫，以保证装修主题契合促销主题和节日主题。当然，由于节日不同，其主题也是不一样的。因此，开展促销活动时，店主一定要根据具体情况明确装修主题。比如，情人节时微店装修的主题就应该是浪漫和爱情，这样才能吸引情侣的注意。

另外，虽然微店装修的风格要明确，但主题却不能一成不变，而是要有一定的变化。随着节日的不同而变换主题的微店更能吸引消费者的注意。消费者很可能会关注该店铺是否有新活动，或看看是否有新品上架。

总之，装修店铺时，店主要尽量考虑得全面，遵循以上五个原则。这样装修出来的店铺才能让顾客从视觉上和心理上感受到店主的用心。

案例：服饰类

"晶晶优品女装官方旗舰店"是一家售卖女装、童装及亲子装的微店（以下简称"晶晶微店"）。店主开通了"七天无理由退换货"和"担保交易"。如今，该店铺等级分数是5颗蓝钻，收藏微店的人数高达8 000多人，生意非常不错。那么，该微店为什么这么火爆，它的成功秘诀又是什么呢？

实际上，晶晶微店之所以深受广大顾客的喜爱，很大一部分原因就是精致的店铺装修。那么，晶晶微店的装修又有什么不同呢？或者说有哪些亮点呢？

1. 店铺首页

我们知道，首页设计的原则就是色彩鲜亮、主次分明，且与整体装修风格保持一致。从晶晶微店的首页不难看出，其主要采用了黑色和白色进行搭配，这两种颜色的对比效果十分强烈，堪称设计中的经典搭配（见图1-6）。

图 1-6　店铺首页

2. 商品分类

在晶晶微店中，商品分类非常清晰（见图 1-7），主要有女装（见图 1-8）、童装（见图 1-9）和亲子装 (见图 1-10) 三大类。这样，顾客挑选商品就很方便，大大提升了成交率。

图 1-7　商品分类

图 1-8　女装

图 1-9　童装

图 1-10　亲子装

3. 宝贝详情

从晶晶微店的宝贝详情中（见图 1-11），我们可以看到店主装修微店时的用心程度。在商品图片方面，店主利用修图软件将背景虚化以突出商品，同时通过模特全方位展示商品，让穿衣效果一目了然；在商品描述方面，文字通俗易懂、简洁明了，突出了商品卖点并准确地向顾客传递了营销信息。

4. 商品的细节展示

在晶晶微店中，店主会从不同的角度充分向顾客展示每一件商品的各个细节（见图 1-12 和图 1-13），从而让顾客对商品有一个全方位的了解，增加顾客对店铺的信任感。

图 1-11　宝贝详情

图1-12　商品的细节展示1

图1-13　商品的细节展示2

5. 商品卖点

　　晶晶微店的店主根据自己对商品的了解着重突出了商品的卖点（见图1-14和图1-15），并以图文并茂的形式向顾客展示，让顾客对商品有一个深入的了解。

图1-14　商品卖点1

图1-15　商品卖点2

以上就是对"晶晶优品女装官方旗舰店"微店装修风格的分析。当然，微店发展方向不同，装修风格也不尽相同。店主在装修微店的过程中必须根据商品和目标人群的定位来确定店铺的装修风格，并根据预先计划好的设计风格与方向做好每一项装修工作，这样才能装修出一家别具一格的微店，让顾客过目不忘。

案例：家居类

"提米花家纺官方旗舰店"（见图 1-16）是一家主营床上用品、蚊帐、抱枕等家居用品的微店（以下简称"提米花家纺"）。店内商品种类比较齐全，并设有"买家秀专区"模块（见图 1-17），可供进店的顾客参考。另外，该微店的装修简约、得体而雅致，且商品质量有保障，因而深受广大消费者的喜爱。

图 1-16 提米花家纺官方旗舰店

图 1-17 买家秀专区

那么，与其他店铺相比，提米花家纺在装修方面又有哪些与众不同之处呢？

1.模块划分清晰

提米花家纺的模块划分清晰，主要分为限时折扣（见图 1-18）、店长推荐和全部宝贝（见图 1-19）三大模块。在这里着重提一下限时折扣模块，店主用心良苦地将其放在了一个非常显眼的地方，进店的顾客在第一时间就能看到。这样设计不但吸引了顾客的注意，也在无形之中宣传了微店的促销活动。

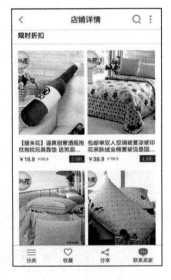

图 1-18　限时折扣

图 1-19　店长推荐和全部宝贝

2.商品种类齐全，分类清晰

提米花家纺内的商品种类齐全，包括空调被 / 夏被（见图 1-20）、纯棉卡通三 / 四件套（见图 1-21）等。商品的分类很清晰（见图 1-22），款式、类型等信息一目了然。这种设计风格便于顾客快速找到自己所需的商品，从而大大提高了成交率。

　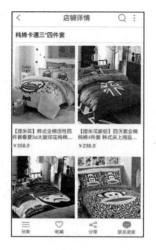　

图 1-20　空调被 / 夏被　　图 1-21　　纯棉卡通三 / 四件套　　图 1-22　商品分类

3. 商品图片直观而清晰

提米花家纺的商品图片直观而清晰（见图 1-23），常常将同款商品放在同一页面或同一行（见图 1-24）。这样设计更符合顾客的浏览习惯，也方便顾客对不同色调的同款商品进行对比。

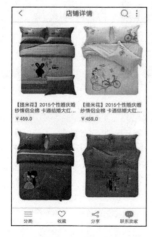　　　　

图 1-23　商品图片　　　　图 1-24　　不同色调的同款商品

4. 同一页面的商品价位相同

提米花家纺的商品价格分类清晰，在同一页面上，顾客能够看到四个同价位的商品（见图 1-25），这能让顾客更加方便地挑选商品，还大大节省了寻找商品的时间。

5. 以白色为主，突出重点

微店内所有商品的图片背景均以白色为主，主次分明的观感能够较好地突出商品的特点（见图 1-26、图 1-27 和图 1-28）。同时，这会使图片看起来更清晰，也更便于顾客了解商品。

图 1-25　同一页面的商品

图 1-26　店铺内摆设的商品 1

图 1-27　店铺内摆设的商品 2

图 1-28　店铺内摆设的商品 3

6. 商品展示不单调

提米花家纺还根据商品种类和价格的不同，在商品展示上做了相应的调整，使商品展示效果一点也不单调（见图 1-29、图 1-30 和图 1-31）。这样，顾客在浏览商品时能一直保持新鲜感，有效避免了顾客因为商品种类太多且千篇一律而产生视觉疲劳。

图 1-29　一双拖鞋增
添生活气息

图 1-30　一盆花增添
美感

图 1-31　墙上画框增
添时尚感

　　以上就是"提米花家纺官方旗舰店"微店装修的几大看点。它的配色风格以清爽为主，各位店主可以借鉴它的风格。不过，千万不能生搬硬套，微店只有打造自己的特色才能更好地与其他店铺竞争。

案例：母婴类

　　"颖之屋母婴店"（见图 1-32）是一家售卖婴幼儿服饰、用品、玩具以及孕产妇日常用品的微店（以下简称"颖之屋"）。颖之屋与厂家合作多年，一直坚持原单品质和亲民价格。另外，该店铺还免费为那些低保家庭或困难家庭的适龄宝宝邮寄东西，这种人性化的"爱心付邮送"营销方式深受广大妈妈们的喜爱。除此之外，颖之屋独特的装修风格也是微店经营长久不衰的重要因素。那么，在微店装修方面，颖之屋又有什么独到之处呢？

在色调方面，颖之屋母婴店主要以淡粉色等暖色调的颜色为主（见图 1-33），能给顾客一种温暖、舒适的感觉。另外，颖之屋的商品分类比较清晰（见图 1-34），便于顾客挑选商品。同时，店主还会根据季节的变化将爆款商品设置为"店主推荐"（见图 1-35），这不但能够增加热卖商品的点击率，还能大大提升店铺的销量。

图 1-32　颖之屋母婴店图

图 1-33　以暖色调风格为主

图 1-34　商品分类图

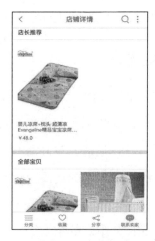

图 1-35　店长推荐

除此之外，颖之屋的"宝贝详情"也是其一大特点（见图1-36）。在宝贝详情中，商品的图片非常多，这些图片不仅向顾客展示了该商品的特点（见图1-37）、属性和细节（见图1-38），还展示了颜色的多样性（见图1-39）和穿上身的效果（见图1-40）。

图1-36　宝贝详情

图1-37　商品特点

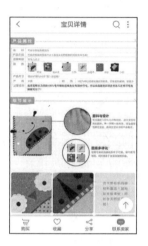

图1-38　商品属性和细节

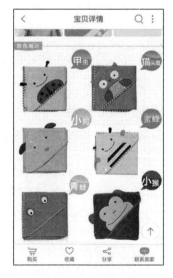

图1-39　颜色展示

图1-40　模特展示

可以说，该微店的商品展示做得十分精致。除了这些，该微店的名称、图标和招牌也做得非常不错，与店铺经营的商品类型和整体风格协调一致。这些都值得学习和借鉴。

1.3　微店美工的技能要求

虽然有些微店美工拥有较强的设计能力，能够做出非常出色的视觉效果，但并不代表他能装修好微店。与电脑屏幕相比，手机屏幕尺寸是很有限的。那么，在有限的空间内，如何将整个微店页面设计得完美无缺？如何在方便顾客浏览商品的同时，还能使其更加深入地了解商品细节？想要做到这些，微店美工就必须具备相关的技能才行。那么，作为微店美工，有哪些技能是必须具备的呢？

了解微店

网店主要依托的是电脑，而微店主要依托的是手机。与电脑屏幕相比，手机的屏幕更小，这导致顾客在微店中看到的图片和信息是非常有限的。

那么，在有限的空间内，如何利用微店自身的特点和功能，通过布局、设计和美化页面，让顾客停留在微店的时间更久一些，并刺激顾客的购买欲望呢？这就需要微店美工首先对微店本身有一个基本的认识。只有对微店有了深入的了解，才能根据微店的特点，将设计、装修和视觉效果通过美工的专业手法呈现出来。

在当前的市场中，微店平台并非只有一种。比如口袋微店、微店网、开旺铺、微信小店等，这些微店平台都有自己的特点和风格。因此，作为微店美工，了解不同微店平台的特点是非常有必要的。只有这样，才能根据每个微店平台的独特之处设计出与之相匹配的店铺风格。

另外，微店平台不同，其功能也会存在一定的差异。有的微店平台提供免费的设计模板（见图 1-41 和图 1-42），而有的微店平台允许用户自由设计。

图 1-41　微店封面

图 1-42　商品展示方式

了解顾客的浏览习惯和点击需求

　　店主之所以装修微店，是为了吸引顾客，提高营业额。如果不考虑顾客浏览习惯和购物需求，而是根据自己的个人喜好随意装修微店，其结果必然是较差的购物体验影响了顾客的心情，从而导致顾客的大量流失。所以，要想装修好微店，店主聘请的微店美工必须了解顾客的浏览习惯和购物需求才行。实际上，顾客浏览微店的习惯与浏览网页的习惯有很多相同的地方。当顾客进入一家微店并打开一个页面时，都会习惯性地在页面上寻找一些能够引导其浏览内容的关键点。如果微店的设计不能满足顾客的需求，那么他浏览下去的概率就会变得很低。

　　一般来说，顾客浏览页面的习惯是"F"型的，也就说先关注页面的上部，然后关注页面的左侧。所以，微店美工就要将最重要的信息放在页面上面，而将相关的关键内容和信息放在页面左侧。当然，"F"型浏览习惯并不是绝对的，也会受到页面设计、顾客需求等多重因素的影响。

如果微店美工一味地添加相关内容来丰富页面，只会得到适得其反的效果。这是因为页面承载的信息越多，顾客认知的负担就越重，处理信息的时间就越长，顾客的耐心丧失得就越快，退出微店的速度的速度也就越快。

掌握色彩搭配的基本用法

作为微店美工，对色彩有敏锐的感觉，掌握色彩搭配的基本用法是必须具备的基本素质。这样美工在作图时，才能很好地用色、配色，灵活运用各种颜色，从而设计出颜色相搭、主次分明的图片（见图1-43）。

在色彩学中，两色搭配是用色的基础。因此，微店美工必须很好地理解并运用两色搭配。这里有两个小技巧，一是一种颜色纯度较高时，另一种颜色就要选择纯度或明度较低的，在图1-44中，主体的颜色纯度比较高，背景的颜色明度就要低一

图1-43　主次分明的图片

些；二是选定同一色像时，可以适当调整一下明度或纯度值，在得到另一色彩后，可以将这两者搭配在一起。在图1-45中，野生黑枸杞盒子和背景的颜色相近，为了突出主体，就适当调整了一下背景的明度，将其明度降低，这样两色相搭配就显得比较和谐。

图 1-44　颜色纯度高、低相搭配的图片

图 1-45　同一色像相搭配的图片

　　当然，微店美工也可以选择激烈又稳定的对比色进行搭配。这里有两个小诀窍，一是二者在配比面积上一定要分出主次，此外还可以适当调整其中一种颜色的明度或饱和度；二是在进行对比色搭配时，可以从黄色搭配紫色开始。这两种颜色都是顾客比较容易接受的对比色彩，而很多人都不太喜欢红色与绿色的搭配。

　　另外，三色搭配（见图 1-46）也是一个不错的选择。不过，在进行三色搭配时，一定要使用统一外观的相邻色系，或是个性比较明朗的三色组合或是细腻的互补取色组合。一般来说，设计用色也遵循"少而精"的原则，越少越好。

　　对微店美工来说，掌握基本的色彩搭配知识和技能不仅是处理图片的需要，也是设

图 1-46　三色搭配的商品图片

计整个店铺布局和装修的基础。

熟练操作图片处理软件

一张好的商品图片能够激发顾客的购买欲望。但在实际拍摄过程中，并非所有的图片都能直接使用，而是需要美工使用修图软件对其进行处理后才能使用。所以，一位优秀的微店美工必须熟练使用 Photoshop 和美图秀秀等图片处理软件。

虽然 Photoshop 和美图秀秀软件都具有图片处理的功能，但从专业的角度来看，Photoshop 的功能要更强大一些。除了常见的放大、缩小、透视、修补、复制（见图 1-47）等功能外，Photoshop 还可以进行图像合成、校色调色、特效制作（见图 1-48）等，比较适用于专业摄影师或设计人员。

美图秀秀虽然没有 Photoshop 专业，但基本功能也全都具备，基本能够满足微店处理图片的需求，比如人像美容、边框、图片组合（见图 1-49）等。该软件最大的特点就是操作简单，即便是零基础的人也很容易上手。

图 1-47　使用 Photoshop 复制的图片

图 1-48　有特效的商品图片

图 1-49　组合后的商品图片

不难看出，在图片的处理上，Photoshop 和美图秀秀各有千秋。微店美工可以根据实际情况选择二者中的一款进行图片处理，当然也可以两者相结合。

拥有较强的创新能力

在同质化非常严重的微店行业，竞争越来越激烈。想要从众多微店中脱颖而出，没有独特性是不行的。要想与其他微店区别开来，让顾客从众多微店中找到你，就需要微店美工拥有较强的创新能力，设计出独一无二的图片，让顾客感到眼前一亮。

对微店美工来说，掌握相关作图软件的基本知识和实际操作非常重要。但更关键的是美工必须具备一定的审美能力，这不是知识性的东西，而是在平常工作和生活中日积月累得来的。因此，在平时要多看一些优秀的作品，学习并借鉴他人的布局、配色等。等积累了大量的经验后，再结合自己对微店的认识和理解，就能装修出一家别具一格的微店。

第 2 章

微店首页的设计

　　微店的首页设计非常重要，它是微店设计的重中之重。设计微店首页时，店主要了解微店的首页特点并对微店框架有一个大致的构想，理出一个清晰的设计思路，并根据商品属性和目标人群的定位确定微店首页的设计风格。

2.1　微店首页的设计特点

为了吸引更多顾客，越来越多的微店店主开始重视微店的首页设计。在实际操作中，由于微店平台会免费提供一些主题模板，因而店主在设计微店首页时可以直接使用这些固有模板。当然，店主也可以自行设计微店首页。

利用微店固有的主题模板

实际上，很多微店平台已经根据手机屏幕的局限性和手机购物的独特性，给广大微店店主提供了一些模板，比如微店封面。但是，很多微店新手并不知道这项服务。大多数微店店主完成注册后，使用的都是微店默认的"无封面"模板。而含有封面的其他模板则需要店主根据自己的需求去选择。

如果店主不喜欢固有的主题模板，也可以根据实际情况进行自由更换。除此之外，微店平台还提供了两种商品展示方式模板。店主需要掌握这些模板的使用方法。

1. 微店封面

在装修微店时，有些微店店主认为微店封面并不重要，甚至可有可无。其实，微店封面就好比微店的"脸面"，它直接影响着微店给顾客留下的第一印象。所以，它的作用不容小觑，微店店主们一定要重视。微店封面可以引导顾客从封面的商品分组中作出适当的选择，便于顾客快速选购所需商品；同时，微店封面也能够激起顾客的好奇心，让他们产生进店一探究竟的冲动。

下面我们以口袋购物的微店为例介绍微店的封面模板。在口袋购物的微店平台上，微店封面总共有四种，分别是无封面、封面大图、分类导航1列和分类导航2列（见图2-1）。我们选择"微店管理"选项中的"微店头像"选项，就能在微店信息页面中找到"微店封面"选项，并对封面进行设置。

图 2-1　微店封面的四种样式图

图 2-2　点触店铺首页的"分类"选项

（1）无封面。一般来说，店主在注册完成之后就能获得默认的"无封面"店铺。顾客在浏览无封面店铺时会直接进入店铺首页。顾客要想在店铺中选择合适的商品，首先需要点触微店首页下面的"分类"选项才能看到店铺的商品分类情况（见图2-2）；其次再根据自己的需要去选择商品类型；最后再从该商品类型中挑选自己喜欢的商品。

（2）封面大图。点触"封面大图"选项后，店主可以在"封面设置"页面中选择"更改背景图"选项（见图2-3）。在"更改背景图"页面中共有五种封面图片，主题分别是"梦想的星空""轻柔的呼吸""咫尺亦天涯""科学永恒"和"星期三的下午"（见图2-4），店主可以从中选择一种作为封面图片。顾客点触店铺链接就能看到店主选择的封面大图（见图2-5）。好的封面会增加顾客对店铺的好感。

图2-3 "封面设置"页面

图2-4 "更改背景图"页面

图2-5 顾客可见的微店封面

（3）分类导航1列。进入"微店封面"页面，点触"分类导航1列"选项。设置封面时，店主可以自由更改背景图，从五种默认的封面图片中选择一种。封面图片选定后，"分类导航1列"就会在已选定的封面图片上显示出来（见图2-6）。在该封面中，顾客可以看到店铺内的商品分类，然后可以根据自己的需求选择其中一种商品类型。不过，"分类导航1列"最多只

图2-6 已选定的封面图片

能展示四种商品分类，商品分类是按照顺序显示的，店主可以根据具体情况调整分类。

（4）分类导航2列。进入"微店封面"页面，点触"分类导航2列"选项。设置封面时，店主可以选择更改背景图，从五种默认封面图片中自由选择。"分类导航2列"最多能展示八种商品分类。顾客点触店铺链接就能看到该封面的指引信息是两列（见图2-7）。

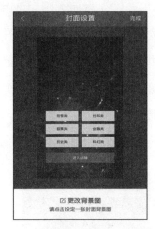

图2-7　从"分类导航2列"
选定的封面图片

2. 商品展示方式

点触"微店管理"选项进入"微店管理"页面（见图2-8），找到并点触"商品展示方式"选项。然后，在"商品展示方式"页面中，我们可以看到"按上架时间展示"和"按商品分类展示"两个选项（见图2-9）。

图2-8　"微店管理"页面　　　图2-9　"商品展示方式"页面

（1）按上架时间展示。一旦选择了"按上架时间展示"选项，当顾客进入店铺时，商品基本是按照商品的上架时间展示的（见图 2-10）。这种展示方式的好处是便于顾客在第一时间看到店铺内新上架的商品，弊端是商品分类会显得比较混乱，不便于顾客找到自己所需的商品。所以，店主选择该商品展示方式时一定要慎重。

（2）按商品分类展示。选择"按商品分类展示"选项后，顾客看到的商品则是根据类型而分组的（见图 2-11）。这样的商品展示方式非常有利于顾客快速找到自己所需的商品。对店主来说，这是一个非常不错的选择。

图 2-10　按上架时间展示的商品

图 2-11　按商品分类展示的商品

微店平台为广大微店爱好者免费提供了"微店封面"和"商品展示"模板。其中，"商品展示方式"模板是无法自由设计的，封面可以自由设计。在经营过程中，店主完全可以利用微店平台固有的主题模块，根据自己的喜好和店铺的实际情况去选择最适合自己的那一款。

微店首页的自由设计

如果店主不喜欢微店平台提供的封面模板，也可以自行设计封面。微店图标、微店名称等都可自由选择。自行设计的店铺更具特色，方便顾客从众多店铺中辨识出你的微店，从而打造微店的品牌。

1. 微店图标

微店图标即"微店图像"，店主可以根据店铺经营的商品类别去选择合适的图片。店主可以从手机相册中选择已保存的图片（见图2-12），也可以选择"相机拍照"选项。选定之后，再依据平台要求对图片进行适当调整（见图2-13），然后点触"保存"按钮就能看到设计好的微店图标了（见图2-14）。

图 2-12　选择图片

图 2-13　修剪照片

图 2-14　设计好的微店图标

2. 微店名称

与微店图标一样，微店名称也可以自由发挥。微店名称通常都是根据店铺的主营商品取的，这样可以让顾客通过店铺的名称知道店铺的主营商品是什么。

　　设置微店名称很容易,在"微店管理"页面中点触微店图标,进入"微店信息"页面(见图2-15),就可以看到"微店名称"选项。点触"微店名称"选项,进入"微店名称"页面,就可以设置微店名称了(见图2-16)。设置完毕后,点触右上角"完成"按钮,顾客就能在微店首页中看到你刚刚设置的微店名称了(见图2-17)。

图2-15　"微店信息"页面

图2-16　设置微店名称

图2-17　微店名称

3. 微店招牌

　　微店招牌也可以自由设计(见图2-18)。你选择的图片必须与商品有一定的关联,这样才能与店铺的商品保持风格的一致。在一定程度上,微店招牌也有着品牌识别的作用。

　　如果想要设置微店招牌,可以在"微店信息"页面中找到并点触"微店招牌"选项(见图2-19)。在"微店招牌"页面中,点触"从手机相册选择"选项。

图 2-18 点触"微店招牌"选项　　图 2-19 点触"从手机相册选择"选项

　　进入"选择图片"页面后，点触所选图片（见图 2-20）。在"修剪照片"页面中，对所选照片进行修剪（见图 2-21）。操作完毕后，点触左下角的"√"图标即可。

图 2-20 点触所选图片　　　　　　图 2-21 修剪照片

　　进入"微店招牌"页面后，点触页面右上角的"完成"按钮（见图 2-22），便完成了微店招牌的设置工作。顾客进入店铺后就能看到刚才设置的店招了（见图 2-23）。

图 2-22　点触"完成"按钮

图 2-23　微店招牌

4. 微店公告

　　在微店公告中，店主可以根据实际情况添加店铺促销活动内容、联系方式、欢迎用语等。这些公告信息能让顾客轻松了解该店铺的基本情况以及各种活动信息（见图 2-24）。

5. 微店封面

　　店主可以直接使用微店固有的微店封面模板，也可以自行设计。模板是固定不变的，背景图是可以自由选择的。选择背景图时，

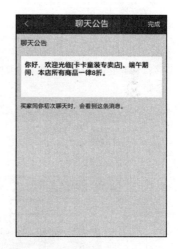

图 2-24　微店公告

可以点触"更改背景图"选项中的"上传图片"选项便可以从相册中选择图片，也可以使用"相机拍照"选项，然后修剪已选照片，最后点触"√"按钮（见图 2-25）。这样，所有的微店模板的背景图就都换成了刚才选择

的图片（见图2-26）。

图2-25　修剪已选照片　　　　图2-26　背景图已更换

6. 店长日记

店长日记是一篇图文并茂的文章，它会展示在你的店铺中（见图2-27）。当然，你也可以将编辑好的店长日记分享给你的好友（见图2-28）。

图2-27　展示在店铺中的店长日记　　　　图2-28　分享店长日记

不难看出，店长日记是可以自由设计的。在微店管理页面中找到"店长笔记"选项并点触它，店主就可以在"编辑笔记"页面（见图2-29）中进行操作了。一般来说，编辑笔记主要有三大内容，第一是标题，第二是笔记内容，第三则是笔记图片。一篇店长日记最多只能包含15幅图片，这些图片可以直接替换，也可以美化并加入描述（见图2-30）。

图2-29　"编辑笔记"页面

图2-30　美化或描述图片

除了以上所列的几项外，还有商品分类、商品图片等都是可以自由设计的。正因为如此，每个微店的首页都有各自的特点。

2.2　微店框架展示

一个成功的微店框架不但能够吸引顾客浏览，还能帮助顾客快速找到所需商品，从而大大提高成交率。而一个失败的微店框架则会让顾客觉得自己就像进入了杂货店一样，只想尽快离开。

微店框架

写文章有"文脉清通，廓清思路，才能下笔如神"的说法，装修微店也是如此。在设计微店首页时，如果店主对微店框架不了解，没有一个清晰的设计思路，设计出来的店铺就会显得杂乱无章，容易引起顾客的反感。那么，装修微店时，店主该如何把握微店框架呢？

实际上，微店首页主要由三大部分构成，分别是店铺招牌、微店公告、商品展示。设计这三大部分时，需要考虑哪些内容呢？

1. 店铺招牌

关于店铺招牌这部分内容，首先，店主需要考虑的是给顾客传达什么样的信息；其次，店主需要对店铺风格进行定位，并使店招与之保持一致；再次，页面要简洁明了，字数不要过多；最后，店铺招牌要突出主体，切不可喧宾夺主（见图 2-31）。

2. 微店公告

微店公告通常以文字来说明店铺优势、商品卖点、促销信息或服务内容等（见图 2-32）。只要是能增加顾客对店铺的信任度且便于顾客浏览的相关信息，店主都可以将其展示在微店公告中。不过，文字必须要简洁、清晰，要让顾客一看就懂，且不会消磨顾客的耐心。

3. 商品展示

商品展示一般可以分为三个模块，第一个模块是"限时折扣"（见图 2-33），它可以展示店铺的促销商品；第二个模块是"店长推荐"（见图 2-34），它可以展示店铺的爆款商品或新品；第三个模块是"全部商品"（见图 2-35），店铺中的所有商品都会在这里展示出来。

图 2-31 店铺招牌

图 2-32 微店公告

图 2-33 限时折扣

图 2-34 店长推荐

图 2-35 全部宝贝

对"限时折扣"模块来说,只要店铺搞促销活动,该模块就会显示出来,并且优先于"店长推荐"模块显示;"店长推荐"模块主要是店长根据店铺的实际情况设置的,其目的是引起顾客注意,增加特定商品的点击率。

微店首页的设计思路

对实体店来说，吸引顾客进入店铺往往要靠店铺的装修；而对微店来说，顾客是否愿意在店内浏览商品通常取决于微店首页。那么，如何设计好微店首页呢？图 2-36 展示了微店首页的设计思路。

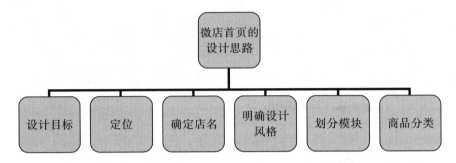

图 2-36　微店首页的设计思路

1. 设计目标

设计店铺首页时，店主必须要有一个目标。如果店主没有目标，设计出来的店铺首页就不可能达到店主的期望。店主必须要知道自己为了什么而设计，是为了搞促销活动，还是为了迎合目标人群的喜好。

2. 定位

店主需要明确商品类型、定价以及其目标人群。定位完成后，才能进行下一步的工作。定位是设计首页的关键一步，店主必须做好这项工作。

3. 确定店名

为店铺取一个好的名字不但可以让顾客对微店产生强烈的兴趣，还可以更好地让顾客了解微店主营的商品是什么，从而让顾客加深对微店的印象，甚至收藏你的微店。

4. 明确设计风格

在设计首页的过程中，店铺的风格是各位店主必须要考虑清楚的问题。

只有定位好商品和目标人群,才能明确设计风格。比如,店主售卖的是潮服,那么,喜欢这种商品的必定是潮男潮女们,该店铺的设计风格就要定位为时尚、潮流。微店的设计风格与商品的定位相一致才能获得目标人群的认可和喜爱。

5. 划分模块

当店主已经定好位,也明确了设计风格时,接下来需要考虑的就是模块划分了。店铺首页主要划分为限时抢购、热卖单品、店长推荐等模块。这些模块的顺序是怎么安排的? 这样做的目的是什么? 这些都是店主需要考虑的问题。

6. 商品分类

商品分类也是首页设计中非常重要的一项工作。对店主来说,将商品分类是必做的工作之一。虽然商品分类的过程比较烦琐,但清晰的商品分类能有效帮助顾客根据商品类型来挑选商品,促使顾客成交。

2.3　微店首页设计实操

好的微店首页能瞬间吸引浏览者的眼球,从而增加店铺的客流量。但是,很多店主虽然装修了微店,却没有人收藏,甚至在店铺搞促销活动时也无人参与。这时店主就得认真反思一下,店铺首页设计的是否合理。比如,店招是否传达了你的品牌和商品信息? 促销彩页是否突出了主题? 设计风格是否符合品牌定位?

店招设计

使用微店的人越来越多,店铺之间的竞争也越来越激烈。作为店铺标志的店招,不仅能吸引顾客的眼球,为店铺带来大量人气,还可以起到宣传品牌的作用。

既然店招如此重要，那么，我们该如何设计店招呢？通常，根据店铺的具体情况，店招设计可以分为日常设计、促销设计和招募分销商设计三个方面（见图2-37）。

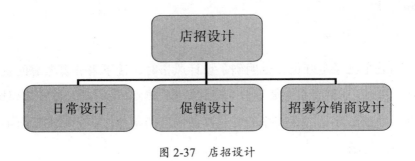

图 2-37　店招设计

1.日常设计

在设计店招之前，店主需要确定店铺的装修风格。如果店铺图标是粉色的，那么店招最好也是同一色系的，这样才能使店铺整体风格保持一致。当然，也可以选择其他色系，比如互补色或对比色，也会产生非常不错的效果。

确定风格后，需要确定的就是店招的内容，也就是通过店招表达的信息，比如店铺名称、经营范围、宣传标语等。接下来向各位店主展示几种比较典型的店招的日常设计，希望能给大家一些启发。

（1）店铺名称、店铺图标和关联商品。为了打造个人品牌并加深顾客对店铺的印象，有些店主就通过店招向顾客传达店铺名称、店铺图标和商品等信息，这是最典型的店招模式（见图2-38）。

（2）给顾客一个购买理由。对于第一次在店铺消费的顾客，如何打消他们心中的顾虑并获取他们的信任，让他们放心在本店购买商品呢？为了解决这个问题，很多店主通过店招向顾客传达一些信息，让顾客更安心。这种店招设计比较适合新开的店铺（见图2-39）。

图2-38 "店铺名称、店铺图标和关联商品"的店招　　图2-39 获取顾客信任的店招

（3）突出商品。有些店招会突出商品（见图2-40），这种店招较好的表现形式是实物图片（见图2-41），这样能给顾客一种真实感，从而获得顾客的信任。

图2-40 突出商品的店招　　图2-41 含有实物图片的店招

（4）与社会热点话题相关联。实际上，一个好的店招是能够起到营销作用的。所以，店主设计店招时可以充分利用社会热点话题（见图 2-42）或明星效应（见图 2-43）。

图 2-42　与社会热点话题相关联的店招

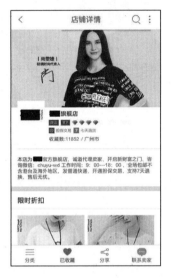

图 2-43　利用明星效应的店招

（5）精准目标人群定位。有些店主会根据商品使用人群进行定位，并将相关因素设计在店招中（见图 2-44），以便顾客快速判断该店铺售卖的商品是否适合自己，是否有必要继续留在店铺中。

图 2-44　拥有精准目标人群定位的店招

2.促销设计

如果店铺要搞促销活动，店招该如何设计才能更加吸引顾客呢？根据店铺促销的目的，促销活动可分为以下两种。

（1）全场商品促销。如果店铺内的所有商品都有折扣优惠，那么店主可以将优惠信息设计在店招中（见图2-45）。

（2）爆款单品促销。如果店主想推广爆款单品，也可以将有关该商品的促销信息显示在店招中（见图2-46）。

图2-45　突出促销活动的店招

图2-46　促销爆款单品的店招

3.招募分销商设计

如果店铺想要招募分销商，那么店主也可以将相关信息写在店招中（见图2-47）。

图 2-47　招募分销商的店招

消费者进入店铺后第一眼看到的就是店铺名称、特色、定位或简介等。所以，店主千万别小看这小小的店招，它的作用是非常巨大的。

设计店招时，店主需要遵守店招设计的两项基本原则。第一，店招要直观且明确地告诉顾客店铺售卖的是什么商品，其表现形式最好是实物照片；第二，店招要明确地告诉顾客店铺的卖点，也就是店铺商品的特点和优势。

微店公告设计

与店招一样，微店公告也是非常重要的。有些店主却认为微店公告没有店招重要，以致失去了一个以文字形式向顾客传递信息的机会。

实际上，微店公告的作用同样不容小觑，它向顾客传递的信息是无法通过店招传达的。因为店招是以图片的形式向顾客传达信息，而微店公告就不一样了，它能够向顾客传递具体的信息。顾客通过微店公告获得的信息更直观、更具体、更准确。

那么，一个好的微店公告包含哪些内容呢？图2-48列出了微店公告的主要内容。

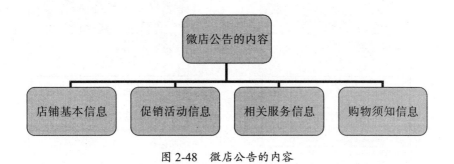

图2-48　微店公告的内容

1. 店铺基本信息

一般来说，如果顾客对店铺不了解，那么他们心中难免就会产生各种疑虑，买卖双方自然就很难达成交易。为了增加顾客对店铺的信任，店主可以将店铺的一些基本信息写在微店公告上（见图2-49），以便顾客通过微店公告了解店铺的基本情况，从而提高成交率。

2. 促销活动信息

为了吸引顾客购买商品，各位店主可以将促销活动信息详细地呈现在微店公告中（见图2-50）。

3. 相关服务信息

如果顾客或代理商有问题想咨询，而店主又不在线，如何向其提供服务呢？其实，店主可以将相关服务信息放在微店公告中，以便顾客在店主不在线时也能通过微店公告了解服务信息（见图2-51）。

4. 购物须知信息

为了提供更好的服务，有些店主会将购物须知信息写在微店公告中（见图2-52）。

图 2-49　含有店铺基本信息的微店公告

图 2-50　含有促销活动信息的微店公告

图 2-51　含有服务信息的微店公告

图 2-52　含有购物须知信息的微店公告

商品图片设计

优质的商品图片是微店盈利的基础，图片不但能够起到推广的作用，还能给顾客带来更好的购物体验。一张冲击力强、高品质的商品图片能有效刺激目标顾客的购买欲望，从而提高成交率。

要想做出冲击力强、高品质的商品图片，店主设计商品图片时需要注意如图 2-53 所示的几点要求。

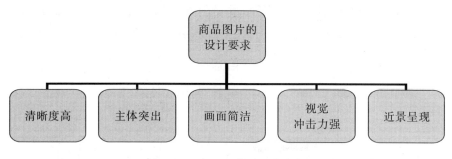

图 2-53　商品图片的设计要求

1. 清晰度高

不管使用什么样的摄影器材，拍摄出来的照片经过放大或缩小添加到店铺后，其清晰度多少都会受到影响。这些原始图片不仅不够美观，吸引不到顾客，还会影响顾客对商品品质的判断。

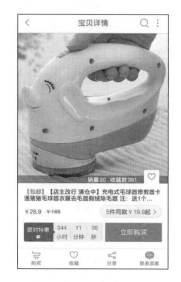

为了激发顾客的购买欲望，商品图片的清晰度一定要高（见图 2-54）。店主可以利用 Photoshop 对图片进行锐化处理，这样就能让图片显得更加清晰，而图片色彩丝毫不会受到影响，保证"原汁原味"。

图 2-54　清晰度较高的商品图片

2. 主体突出

店主设计商品图片时，不管是在商品图片上添加文字，还是添加背景，都要注意突出主体,将视觉焦点聚集在商品上(见图2-55),以免构图失衡,抢了主体的风头。

3.画面简洁

主体突出是吸引顾客购买的重要因素,这就要求我们不能在商品图片上任意添加背景、商品信息或衬托内容,否则不但不能起到吸引顾客的目的,反而会让顾客觉得信息杂乱无章。所以,设计商品图片时,画面必须简洁(见图2-56),信息不能太多。

图2-55　突出主体的商品图片

图2-56　画面简洁的商品图片

4.视觉冲击力强

一张优质的商品图片若要达到吸引顾客并获得高点击率的目的,除了需要满足画面简洁、主体突出等基本要求外,必要的视觉冲击力也是不可缺少的。即便是同样的商品,如果呈现方式不同,其视觉冲击力也是不同的。一般来说,立体感较强的商品图片(见图2-57)要比采用常见构图方式的商品图片(见图2-58)具有更强的视觉冲击力。

图 2-57　立体感较强的商品图片

图 2-58　平面构图的商品图片

另外，即使构图的方式相似，采用了倒影和较大角度的摆拍方式的图片（见图 2-59），其画面质感要优于普通平面构图的图片（见图 2-60），也更吸引顾客。

图 2-59　采用倒影和较大角度的摆拍方式的图片

图 2-60　普通平面构图的图片

5.近景呈现

在展示面积有限的情况下，同款商品的近景效果要比远景效果更具吸引力。因为近景呈现的商品的观感更强（见图 2-61），能够瞬间拉近顾客与商品的心理距离，进而激发顾客想要拥有此物的欲望。而远景呈现出来的商品的质感和表现力相对较弱，其吸引力也较弱（见图 2-62）。

图 2-61　近景呈现的商品

图 2-62　远景呈现的商品

虽然图片质量并不能决定商品质量，也不是影响店铺形象的决定性因素，但绝大多数顾客都是感性的，他们在微店选购商品时无法直接接触到真实的商品，所以只能通过商品图片来判断商品质量。如果商品图片质量较差，顾客就会认为商品质量差，继而离开这家微店。

商品详情设计

商品图片的重要性不言而喻，而商品详情的作用更不容小觑。如果说商品图片能起到吸引顾客的作用，那么商品详情则是促使顾客作出购买决定的重要推动力。在打动顾客及提高转化率方面，商品详情发挥着重要作用。

那么，如何将商品详情设计得完美无缺，以便让顾客对商品信息一目了然，促使顾客下单呢？下面通过两个方面来剖析商品详情设计（见图 2-63）。

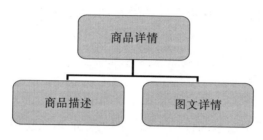

图 2-63　商品详情

1. 商品描述

商品描述的作用是将商品的卖点展示给顾客，以便顾客根据自己的需求选择合适的商品。如果商品的卖点与顾客的需求相一致，顾客就很容易成交。从整体来说，商品描述就是店主说服顾客购买的一个理由。那么，如何做好商品描述呢？

为了促使顾客购买商品，店主必须学会站在顾客的角度去思考问题。比如，如果我是顾客，我会关心商品的哪些问题？哪些因素最能促使我购买？了解了顾客较为关心的问题后，店主要在商品描述中加入有针对性的关键词，比如"特价""包邮"（见图 2-64）

图 2-64　商品描述中的关键词"包邮"

"新款"等，从而达到吸引顾客购买的目的。

如果你经营的是服饰类商品，在商品描述中，就可以站在女性的角度，用女性的口吻去描述。比如，你可以从面料、款式、工艺、风格等方面入手，语言尽量写得拥有渲染力和代入感。

如果店主的写作能力较强，那么最好自己写，坚持原创。在描述商品时，店主要避免使用脱离实际的夸张和空洞的写法，而要实事求是地将商品的优点恰到好处地展示出来。

2. 图文详情

除了商品描述外，图文详情也是非常重要的一个模块。如果说商品描述只是起到吸引顾客的作用，那么图文详情则能起到促进顾客购买的作用。

图文详情是以图片和文字相结合的形式向顾客展示商品和商品信息。在设计图文详情时，图片和文字最好简单、美观并突出主体。在文字描述方面，几个字或十几个字都可以，只要能够突出重点并让顾客在最短的时间内大致了解商品就可以了，切不可长篇大论。

在设计图文详情时，店主可以从以下几个方面入手。

（1）商品展示。由于受到手机屏幕大小的限制，不可能将商品的所有图片都立即呈现给顾客。在这种情况下，店主在图文详情中放置的商品图片必须精挑细选（见图 2-65）。值得注意的是，展示的商品图片不必太多，一两张足矣，因为后面还有大量的图文解释。

（2）商品信息。商品信息是顾客最关注的内容之一。如果商品是一个杯子，店主可以将商品的品牌、名称、型号、尺寸、材质、适用人群等信息展示给顾客（见图 2-66），让顾客全面了解该商品。

图 2-65　商品图片

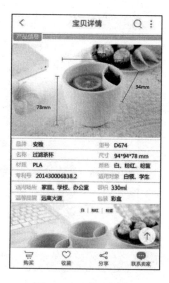

图 2-66　商品信息

（3）商品卖点。商品卖点是指该商品与其他商品不同的特点，这些特点是该商品独有的，是其他商品无法代替的。实际上，商品卖点就是目标消费人群的需求点，它是需要捕捉、挖掘和提炼的。商品卖点越有价值、越独特，就越吸引人。

在挖掘商品卖点时，店主可以从商品的材质、用途等方面入手（见图 2-67），将其展示给顾客，让顾客充分了解该商品的特点。

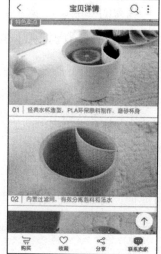

图 2-67　卖家对商品卖点的提炼

（4）商品细节。商品细节是根据商品细节图，对商品的每一个细节进行详细的描述，从而突出商品的特殊性（见图 2-68 和图 2-69）。即使有人仿造你出售的商品，但你设计的商品细节就如同灵魂一样，是他人无法复制的。

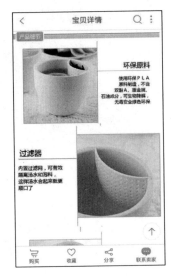

图 2-68　商品细节 1

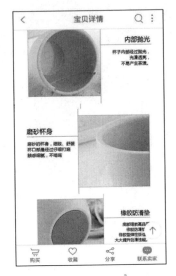

图 2-69　商品细节 2

优秀的商品设计要求卖家对顾客需求有清晰的认识，敢于大胆尝试，并且对商品细节的把握非常独到，只有这样才能吸引顾客，让店铺立于不败之地。

为了实现这一目标，在设计商品细节时，我们需要遵守以下几个准则。

（1）商品细节展示要足够简单，去掉不必要的功能和细节方面的介绍，奉行简洁的原则。

（2）深刻了解顾客需求，知道顾客真正需要什么、讨厌什么，这样才能把握好商品的功能和用途，才能让每一个细节都有存在的意义。

（3）所有商品细节图片的展示都是为了更好地表达，而不仅仅是为了美观。

（4）不要过分追求创新、个性和美观，而是要优化商品的细节；要在顾客已有习惯的基础上去创新和优化，这样才能提升用户体验。

第 3 章

如何拍摄商品图片

　　一张高质量的商品图片能够起到激发顾客购买欲的作用，而一张低质量的商品图片不但无法激发顾客的购买欲，还会让顾客对店铺产生不好的印象。要想提高图片的质量，店主就要根据所拍商品挑选合适的摄影器材，学会布置拍摄场景并掌握拍摄技巧。只有店主懂得了拍摄商品照片的技巧，才能制作出高质量的商品图片，达到自己想要的效果。

3.1 拍摄照片的准备工作

要想拍摄出完美的商品照片，店主必须提前做好准备工作，比如选择摄影器材、布置拍摄场景等。只有做好了这些准备工作，商品的拍摄工作才能顺利进行。除此之外，店主还需要准备一个简易的摄影棚，这样不但能节省开支，还有助于拍出效果绝佳的照片。

选择摄影器材

在微店购买商品时，由于顾客不能直接接触到商品实物，所以只能通过图片来了解所需商品。如果你拍摄的商品照片比较模糊，即使商品再好，顾客也不会知道。这就要求店主必须在摄影器材方面多下功夫，拍出高质量的商品照片。图 3-1 展示了店主需要用到的摄影器材。

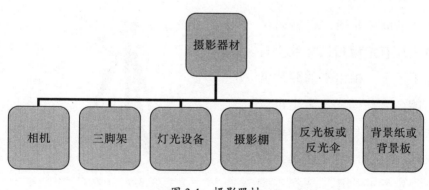

图 3-1　摄影器材

1. 相机

相机（见图 3-2 和图 3-3）是拍摄商品照片必备的器材之一，它将直接影响商品图片的质量。店主购买相机时，最好挑选具备手动设置功能的相机，包括手动设置光圈、白平衡、色彩功能等。也就是说，相机的模式转盘上面必须有"M"标志。对初学者来说，由于构图不合理，很多图片需要被大幅度裁减，用相机拍出来的照片比较有利于后期的裁剪。

不管你选择卡片机还是单反相机，是否具备微距功能都是店主需要考虑的问题。除此之外，热靴是专业相机的重要标志，其作用是连接外接闪光灯和影室闪光灯。当然，如果店主确定使用持续光源，则无需考虑这个。

图 3-2　单反相机

图 3-3　卡片机

2. 三脚架

拍摄商品时，有些店主由于没有拿稳相机导致手抖动了一下，拍出来的照片就可能会有些模糊。店主可以使用三脚架（见图 3-4）来解决这一问题，它能够起到增加稳定性的作用。选择三脚

图 3-4　三脚架

架时，店主最好购买带有伸缩支架和云台的三脚架，因为它拍摄的俯角更大，商品的拍摄角度更多样，展示效果也越好。

3. 灯光设备

在室外拍摄商品时使用的是自然光；而在室内拍摄使用的光源就是

各种灯光，比如摄影灯（见图3-5）、节能灯以及外置闪光灯等，这些都是室内用光不错的选择。其中，摄影灯在商品拍摄过程中非常重要，这是因为自然光线具有多变性，不容易把握，也不容易改变，这就决定了商品图片几乎都是在摄影室内拍摄的。

图3-5　摄影灯

常用的摄影灯分为两类，一类是持续光源，即常亮灯，它用于测光和拍摄。由于光亮度较低、光效较差，常亮灯需要一些配套的灯辅助。另一类是瞬间光源，即闪光灯，它拥有专业的色温和足够的光线强度，很少出现光衰现象。

4. 摄影棚

一般来说，专业的柔光摄影棚是拍摄小件商品的最佳地点之一（见图3-6）。店主最好购买品牌摄影棚，因为柔光布的好坏会直接影响商品图片拍出来的效果。

图3-6　摄影棚

5. 反光板或反光伞

在拍摄商品的过程中，如果光源不足，就会拍出色差比较大的照片，此时可以使用反光板（见图3-7）或反光伞（见图3-8），这样就能有效避免暗角。

图 3-7　反光板

图 3-8　反光伞

6. 背景纸或背景板

有些店主在拍摄商品时，只求将商品拍得清晰一些，却忽略了背景。等到后期修图时，才发现背景不太合适，此时要想换一个干净的背景，就是一件很费工夫的事情了。其实，在拍摄商品之前，店主就可以根据商品的颜色、特点等挑选一个与之相配的背景，然后再进行拍摄，这样做常常能起到事半功倍的作用。

一般来说，我们经常使用的背景道具有很多种颜色，这些背景纸（见图 3-9）和背景布（见图 3-10）都可以让商品有一个明快而干净的背景。

图 3-9　背景纸

图 3-10　背景布

以上就是微店店主在拍摄照片时需要用到的几种摄影器材。店主在购买这些器材时一定要根据实际情况去选择。另外，店主需要明白，微店用图重在图片的真实性。也就是说，图片不能丑化商品，也不能过于美化商品。店主在拍照时还要注意商品的整体与局部的比例以及重要细节。

布置拍摄场景

要想拍摄出效果不错的照片，除了要选择合适的摄影器材外，拍摄场景的布置也非常重要。拍摄场景布置的好坏会直接影响商品照片的质量。如果拍摄场景没有布置好，即使摄影器材再好，也无法拍出高品质的照片。图 3-11 列出了布置拍摄场景的几个要素。

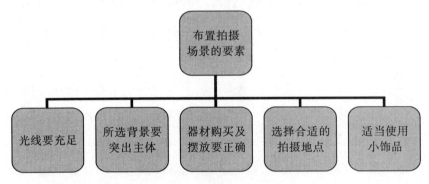

图 3-11　布置拍摄场景的要素

1.光线要充足

无论是大件商品还是小件商品，拍摄地点无论是室内还是室外，光线都必须是充足的。只有这样，才能拍出令人满意的照片。

2.所选背景要突出主体

选择背景时，一定要根据商品的定位和属性去选择。当然拍摄的主体不一样，背景也要不同。但无论是什么样的背景，都必须以突出主体为准则。

3. 器材购买及摆放要正确

购买器材时，店主需要根据所拍摄的商品以及拍摄地点去挑选器材。一般来说，背景纸和背景板是必备的器材，摄影棚是拍摄小件商品必备的，而反光伞或反光板是拍摄易反光商品时必备的。店主可以根据自己所卖商品来采购器材，没必要全部采购，否则既浪费金钱又占据额外的空间。除此之外，店主最好准备一个三脚架来固定相机。关于这些器材的摆放位置及方式，店主需要根据所拍摄的商品以及拍摄角度等来确定。

4. 选择合适的拍摄地点

店主需要根据商品的定位和主题选择合适的拍摄地点。如果店主选择在室内拍摄，要尽量选择光线比较好的窗户旁；如果店主选择在室外拍摄，可以选择风景优美的公园，也可以选择繁华的酒吧街。

5. 适当使用小饰品

为了不使图片的背景过于单调，店主可以使用一些小饰品来搭配主体。但不能使用太多小饰品，一两件就足够了，以免画面过于杂乱，甚至喧宾夺主。

如果布置不好拍摄场景，就很难拍出好的照片。所以，店主一定要重视拍摄场景的布置。

布置摄影棚和灯光

在开微店之前，很多店主并不懂摄影，因此会将摄影棚和灯光的布置视为一件非常复杂的事情，甚至认为只有请专业人士才能解决这一问题。其实，只要掌握一些布置摄影棚和灯光的技巧并遵循一些基本规律（见图 3-12），店主就能轻松解决这一问题了。

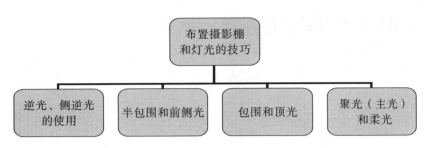

图 3-12　布置摄影棚和灯光的技巧

1. 逆光、侧逆光的使用

柔调实物拍摄时，店主可以使用逆光和侧逆光，摄影设备和灯光的具体摆放位置如图 3-13 和图 3-14 所示。一般来说，这样拍出来的照片主体比较突出，能增加立体变化，并能产生一种通透的感觉。

图 3-13　逆光、侧逆光的使用 1

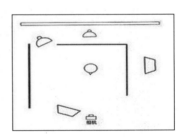

图 3-14　逆光、侧逆光的使用 2

2. 半包围和前侧光

为了在轻柔的光线中增加人物的立体感和质感，可以使用半包围和前侧光。同时，在左、右、后方柔光布的包围中，店主可以在人物面前使用柔光箱对商品进行立体光比变化。摄影设备和灯光的具体摆放位置如图 3-15 和图 3-16 所示。

图 3-15　半包围加前侧光 1

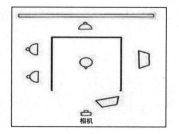

图 3-16　半包围加前侧光 2

3. 包围和顶光

在包围布光中，店主可以增加顶光来增加商品的立体感。而在柔光布的全包围下，店主可以增加顶光使光线变得轻柔、通透。摄影设备和灯光的具体摆放位置如图 3-17 和图 3-18 所示。

图 3-17　包围加顶光 1

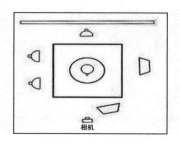

图 3-18　包围加顶光 2

4. 聚光（主光）和柔光

聚光属于硬光照明，是主光与透光相配的一组混合光线。使用光线充足的聚光灯拍摄商品能够突出重点。作为辅助光的柔光箱可以增加暗部的拍摄细节，使画面层次更加丰富。聚光与柔光箱配合使用就可以调节两者间的光比与反差，具有强调重点、主次分明的作用。摄影设备和灯光的具体摆放位置如图 3-19 和图 3-20 所示。

图 3-19 聚光（主光）+柔光 1

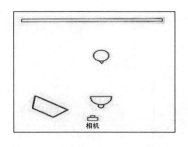

图 3-20 聚光（主光）+柔光 2

以上介绍了四种摄影棚和灯光的布置技巧，只要店主用心，这些布置方法是很容易掌握的。

在简易摄影棚中拍摄

在微店中，商品能否成交的关键之一在于商品图片能否打动顾客。所以，商品的拍摄便成了各位店主的必修课。如果店主经营的是小型商品，就可以自行对商品进行拍摄，自制简易摄影棚是一个非常不错的选择，它能为店主节省不少费用。

在制作简易摄影棚之前，我们需要准备一些材料，包括一个硬纸箱、两盏台灯、一张黑色厚纸、一块黑色瓷砖以及一件白色衣服。除此之外，相机和三脚架也是必备的。准备完这些材料后，就可以开始制作简易摄影棚了。

首先，将纸箱的前后左右都镂空，注意留边；其次，将黑色纸按照纸箱的宽度裁好尺寸，将其贴在纸箱底部和后部，注意需要贴到顶边；再次，将白色衣服剪切成长条形状，将其围在纸箱上，用大头针或针线固定好；最后，将黑色瓷砖放入纸箱，把灯放在纸箱两边，接通电源，简易摄影棚就做好了（见图 3-21）。

放好三脚架和相机，调节灯的位置和角度以及相机的参数，把小型商品放在摄影棚里面就可以开始拍照了（见图 3-22）。

图 3-21　简易摄影棚

图 3-22　将小型商品放在简易摄影棚中

从拍摄好的商品图片（见图 3-23）中不难看出，只要掌握好光源，无需花费较高的成本去购买专业的摄影棚，亲自动手制作一个简易的摄影棚也能拍出高品质的商品照片。

图 3-23　用简易摄影棚拍摄的商品图片

3.2　服装类商品的拍摄与处理

如果店主经营的是服饰类商品，那么拍出好的商品图片可以通过挂拍、平铺和模特拍摄三种方法来实现。无论采用哪一种拍摄方式，店主都必须掌握相关的拍摄技巧。这样才能吸引顾客，从而达到提高店铺销量的目的。

服装挂拍技巧

对于经营服装店的店主来说，服装的拍摄非常重要。在拍摄服装时，可以使用挂拍、平铺和穿在模特身上（室内、室外）三种拍摄方式。其中，挂拍虽然看起来很简单，但在实际操作过程中也是需要一定技巧的。否则，如果店主直接将衣服挂在衣架上拍摄，不做任何的修饰，那么拍出来的图片会显得十分沉闷，没有身形，而且分辨不出面料的材质，自然无法激发顾客的购买欲望。

在挂拍衣服时，根据服装拍摄光线图（见图3-24），店主需要准备的东西有以下几种：①相机、②低位闪光灯、③高位闪光灯、④墙面、⑤衣服、⑥反光板、⑦牛油纸。当这些东西都准备好以后，就可以拍出比较完美的服装图片了（见图3-25）。

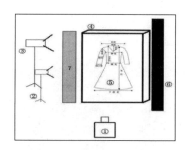

图3-24　服装拍摄光线图

图3-25　服装图片

当然，店主也可以不准备如此多的道具，只准备一个主灯和一个反光板就行。下面，我们一起来看看如何操作。

首先，店主需要了解一下光位图（见图3-26），主灯需要摆放在一侧，与衣服形成45度角进行照射。

图3-26　光位图

其次，店主将主灯摆放在一侧，与衣服的距离很近，先拍摄一张照片（见图 3-27）。然后，店主将主灯摆放的距离远一些，再拍摄一张照片（见图 3-28）。店主通过改变主灯与衣服之间的距离，将两次拍摄出来的图片进行对比（见图 3-29、图 3-30），以寻找最佳的拍摄角度。当然，店主可以反复多拍几张，以便拍出最佳的图片效果。

图 3-27　主灯与衣服的距离很近

图 3-28　主灯与衣服的距离很远

图 3-29　正侧面，距离近

图 3-30　前侧 45 度角，距离远

　　然后，店主需要加上反光板（见图 3-31）拍摄一张照片，再与之前未加反光板拍摄的照片进行对比（见图 3-32、图 3-33）。

图 3-31　添加反光板

图 3-32　加反光板前

图 3-33　加反光板后

　　现在，虽然图片整体看起来还不错，但色彩有些昏暗。店主最后需要做的事就是将相机的 ISO 提升至 200（见图 3-34）后再拍摄一张照片，并与之前的照片相对比（见图 3-35、图 3-36）。这时，图片显然亮了很多，商品展示的效果自然更好。

图 3-34　相机配置及参数设置

图 3-35　ISO:100

图 3-36　ISO:200

　　以上就是服装挂拍的实际操作，店主掌握了这些技巧才能拍出效果绝佳的商品图片。当你拍摄的商品越自然、真实，也就越能打动顾客，从而促使顾客下单。

平铺服装拍摄注意事项

在拍摄平铺服装时，店主要想拍摄出好的图片，就必须注意光线的运用、背景布置和摆放技巧等。图 3-37 呈现了店主在实际操作过程中需要注意的事项。

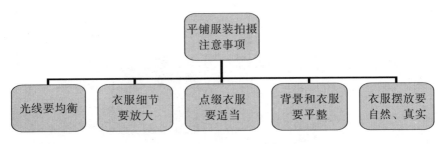

图 3-37　平铺服装拍摄注意事项

1. 光线要均衡

拍摄平铺衣服时，由于需要的场地较大，经常会出现光线不均匀的情况。在这种情况下，拍出来的图片效果总是差强人意。所以，要想拍出效果绝佳的图片，光线必须要均衡。

如果是在室内拍摄，店主可以提前准备两至三盏台灯；如果是在室外拍摄，可以选择天台、公园等场地，因为这些地方周围没有阻挡光源的物体，所以拍摄的衣服得到的光源比较均衡，不会产生暗点或阴影。不过，值得注意的是，店主最好不要在阳光强烈的时候进行拍摄。

2. 衣服细节要放大

如果顾客只能在平铺衣服整体图上看到款式，却看不到衣服的细节，顾客就不知道衣服是什么材质的，也就无法下定决心去购买。想要解决这一问题，店主可以放大衣服的细节，多拍一些衣服的细节图，如吊牌、拉链以及领口等（见图3-38）。拍摄的细节越多，顾客了解得越多，商品对顾客的吸引力就越大。

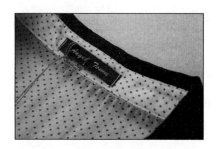

图3-38　放大衣服的领口

对于细节图，店主可以用微距来拍摄，注意手不能抖动，当然也可以使用三脚架进行固定。

3. 点缀衣服要适当

为了避免画面的单调无趣，店主可以使用一些小饰物（如包包、眼镜、鞋子等）与衣服进行搭配（见图3-39）。不过，店主需要注意的是，点缀衣服的小饰物不能太多，一两件就可以，以免产生喧宾夺主的感觉。

图3-39　用包包点缀衣服

4. 背景和衣服要平整

在拍摄之前，店主首先要确定背景布是平整的。店主最好选择不容易起皱的背景布。如果背景布不够平整，店主可以将其烫平后再进行拍摄，这样可以为店主减少不少后期的工作量。

当然，衣服也需要平整才可以（见图3-40）。在拍摄之前，店主最好不要着急摆放，而是先将衣服烫平一些，因为新衣服一般都有折痕，直接摆出来会影响美观。

图3-40　衣服要平整

5. 衣服摆放要自然、真实

对于店主来说，服装的摆放是比较有难度的。想要将衣服摆放得既自然、美观，又让人看起来舒服，就需要店主平时多练习，这样才能找到属于自己的衣服摆放风格。不过，店主摆放衣服时也要注重实事求是，尽量不要改变衣服本身的款式，以免给自己带来很多不必要的麻烦。

以上就是平铺服装的注意事项。店主在拍摄过程中一定要做好每一步，相信你的用心，顾客都能感觉到。要知道，拍摄出好的图片能为你带来更多的交易机会。

模特拍摄技巧

在微店中，由于顾客看不到衣服的真实质量，商品描述又比较抽象，所以顾客只能通过图片来评判商品质量的好坏，并以此来决定是否购买。为了吸引顾客的眼球，让顾客产生购买的意愿，真人模特便成为了众多店主的首选。

图 3-41 呈现了借助真人模特拍摄照片的技巧。

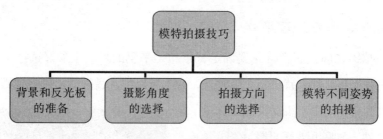

图 3-41　模特拍摄技巧

1. 背景和反光板的准备

在拍摄服装模特之前，店主需要提前准备背景和反光板。其中，背景可以是多种多样的，比如平面的、室内的等。这些背景都是用来衬托模特身上的服装的，不管店主选择哪种背景，只要能突出模特身上的服装就可以。

对于反光板的使用，需要考虑的是角度、高度和强度等要素，并在实际操作中逐渐做出调整，直至拍出效果最好、自己最满意的图片。

2. 拍摄角度的选择

如果拍摄方向不变，店主改变了拍摄的高度，也会使画面的透视关系发生变化。在拍摄过程中，根据高度的变化，店主可以采取的拍摄角度有俯拍和仰拍等。进行真人服装拍摄时，店主所选的拍摄角度不同，所拍摄出来的人物照片的构图艺术效果也会不同。对于拍摄高度的选择，店主可以根据模特的具体情况、商品特征和拍摄环境来确定。

3. 拍摄方向的选择

拍摄方向的变化是指以被拍摄者为中心，相机在水平位置上的前、后、左、右方位的变化。在拍摄过程中，店主可以让服装模特改变方向来获得不同的拍摄效果，从而多方面地向顾客展示商品。

4. 模特不同姿势的拍摄

在拍摄过程中，模特的姿势也很重要。模特主要有站姿和坐姿两种姿势，不同姿势所展示的商品效果也不一样。在拍摄过程中，如何让模特摆出合适的姿势是店主需要考虑的问题。因为人物摄影的主题就是人物本身，如果模特表现得太过死板，就会影响照片的质量，进而影响服装传达给顾客的信息和效果。

在拍摄模特站姿时，为了拍出高质量的图片，店主必须对模特的姿势有一些要求，比如双臂和双腿不能平行，必须是一曲一直或构成一定的角度，这样会使画面看起来更生动。同时，模特要尽量将体型曲线表现出来，这样会让服装看起来非常具有诱惑力。

与站立的模特相比，坐姿的模特局限性要大得多，但是坐姿能更好地使模特形成优美的曲线。如果坐姿以模特与相机成 45 度角为标准，那么可以分为斜侧向、背向与侧背向坐姿三种；如果按照模特的上半身和下半身所形成的角度来划分，那么可以分为锐角、直角与钝角坐姿三种；如果按照模特两腿交叉的方式来划分，那么可以分为大腿上交式和小腿下交式两种。

值得注意的是，进行模特坐姿拍摄时，不要让模特的膝盖正对镜头，而是要与镜头形成 45 度角并伸直小腿，这样拉长腿型的拍摄效果会更好。

在拍摄服装商品的过程中，店主可以根据实际情况去选择背景和拍摄角度。

服装模特拍摄地点

对于微店来说，商品图片占有非常重要的位置，好看的图片能够吸引顾客的眼球，从而激发顾客的购买欲望。那么，为了更好地达到这一目标，经营服装店的店主可以使用真人展示自己的商品。拍摄服装模特时，可以选择的拍摄地点如图 3-42 所示。

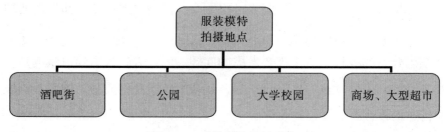

图 3-42　服装模特拍摄地点

1. 酒吧街

一般来说，酒吧街的装修都比较有格调，也更容易拍出带有异国风情的图片（见图 3-43）。选择背景时，店主需要注意的是，背景不能太杂乱，尽量选择比较单一的背景，比如大门、窗台等。如果店主是咖啡店或酒吧的熟客，那就再好不过了。因为店里的环境非常适合做背景，能够为图片增加不少时尚元素。由于室内光线普遍偏低，因此店主可以考虑在窗

图 3-43　酒吧街

口附近拍摄或使用闪光灯补光，这两种都是不错的选择。

2. 公园

公园里的植物比较多，而且面积比较大，非常适合作为拍摄地点（见图 3-44）。店主在选择具体拍摄地点时，需要考虑到背景花草是否与服装鞋帽以及配饰的颜色相配。同时，模特与背景要保持一定的距

图 3-44　公园

离。当然，将背景虚化也是一个不错的选择。

如果是在秋天拍摄，店主可以找一些树林，这样不但能烘托出独特的季节气氛，而且色调比较好搭配，很少会出现不协调的色彩。

3. 大学校园

大学里有空旷的体育场，还有一些大型建筑，比如图书馆、主教学楼等（见图 3-45），这些都是非常不错的拍摄场景。在拍摄过程中，店主可以使用广角镜头将大型建筑和模特一起拍下来，这样的照片具

图 3-45　大学校园

有非常强大的视觉冲击力。当然，店主也可以将一些学生的活动场面作为背景，这样拍出来的照片会更具有校园风。

4. 商场、大型超市

大多数商场（见图3-46）、大型超市里是不会禁止拍摄的，以此作为背景拍出来的照片比较贴近生活，给人一种亲近感。不过，在这类场景拍摄时，店主需要注意的是，画面一定要干净简洁，尽量不要拍摄不相关的东西。同时，店主还要注意周围的照明

图 3-46　商场

光线，最好不要在过于偏黄的光线下拍摄，以免因色温而导致商品颜色出现偏差。

以上几个地点都可以作为拍摄地点，至于选择哪个地方，这就需要店主根据实际情况去决定了。

3.3　面膜的拍摄与处理

使用面膜的人群以女性为主，针对这一目标人群的特性，店主在拍摄面膜时最好借助真人模特。用模特敷上面膜的多种动作来展示商品，不仅让图片看起来更生动形象，而且还可以让顾客看到面膜使用的效果，从而提高店铺的成交率。

布置场景的准备工作

为了拍出美丽的图片来吸引顾客的注意力，店主在拍摄之前必须要

提前布置好场景。通常情况下，场景布置得越好，准备得越充分，拍出来的面膜图片就越能达到预期的效果，甚至超过预期效果。店主在布置场景时，要做的准备工作如图 3-47 所示。

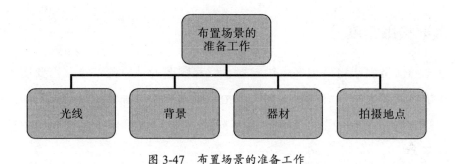

图 3-47　布置场景的准备工作

1. 光线

关于光线，店主可以选择自然光，也可以用两盏台灯作为持续光源，只要能保证充足的拍摄光线就可以了。

2. 背景

店主可以选择白色背景，也可以选择与商品相搭配的背景，只要能够突出主体，店主可以依据个人喜好自行选择。

3. 器材

由于面膜表面较光，拍摄时会发生反光现象，导致面膜包装上的字体模糊不清，所以，吸光布是必备的，它能够吸收多余的光，避免反光。除此之外，店主还需要准备四盏灯，其中，两盏灯在后面，两盏灯前面，一方为主灯，另一方为副灯。

4. 拍摄地点

拍摄面膜时，店主可以选择在室内光线比较充足的地方，比如窗台。当然，店主也可以自制小摄影棚进行拍摄。

面膜的拍摄比较简单，只要光线充足，选择好背景，同时用反光布来避免反光，这样就能拍出非常不错的图片。当然，想要达成这一目标，布置好场景是关键。

选取拍摄角度

如何将面膜更好地展示给顾客，引起顾客的注意呢？这就需要店主在拍摄面膜时把握好拍摄方向。当拍摄距离和拍摄高度不变时，不同的拍摄方向所展示的面膜形象也是不同的。图 3-48 呈现了可选取的拍摄角度。

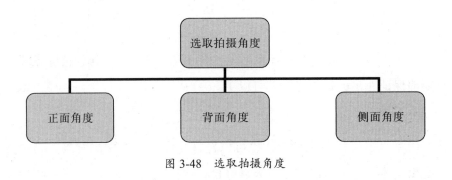

图 3-48　选取拍摄角度

1. 正面角度

从正面的角度进行拍摄，面膜处在画面的中心分隔线上，其形象比较端庄、稳重，是最能直接体现面膜本身特点的一种拍摄方法。从这个角度拍出来的商品图片，顾客可以更快捷地从中了解到商品的名称和特点，并以此来初步判断该商品是否符合需求，再决定是否继续了解（见图 3-49）。

2. 背面角度

从背面角度拍摄面膜，不仅形象和构图会发生变化，其主要表现内容也可能会发生变化（见图3-50）。从这种角度来拍摄面膜主要是将面膜的主要成分、功效、使用方法、生产商、生产地址、净含量、限用日期等信息全部展示给顾客，让顾客对商品有进一步的了解，以提高商品对顾客的吸引力。

图3-49　正面角度拍摄的面膜图片

图3-50　背面角度拍摄的面膜图片

3. 侧面角度

与正面角度相比，侧面角度（见图3-51）有很大的灵活性。从侧面拍摄的垂直度可以有一些变化，以获取最能表现面膜侧面形象的拍摄位置。从这个角度拍摄的面膜能够更好地表现其特色，不仅能让顾客看清面膜的外部轮廓，还可以使面膜形象的变化丰富多样。同时，这种立体的侧面拍摄方式对顾客的视觉冲击力要比正面或背面强烈很多。

图 3-51　侧面角度拍摄的面膜图片

模特拍摄技巧

为了加强面膜对顾客的吸引力，很多店主都知道利用真人模特敷上面膜的方式来加强展示效果。但如果店主不懂模特拍摄的技巧，就无法拍出既美观又生动的模特图片，这样就无法让顾客对其产生兴趣。因此，如果店主想要拍出精美的模特图片，就要掌握模特拍摄的一些技巧（见图 3-52）。

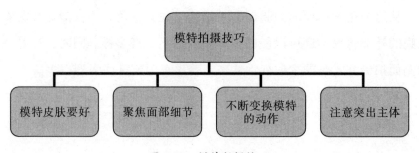

图 3-52　模特拍摄技巧

1.模特皮肤要好

店主挑选一个皮肤好的模特是非常有必要的，因为相机像素都比较高，很容易将模特脸上的痘痘和斑点拍出来，店主在处理这样的图片时，不但操作比较烦琐，而且费时费力。所以，在拍摄面膜之前，店主就要避免这种问题的发生，提前挑选一位皮肤较好的模特。这样不但方便店主处理图片，而且更有说服力，促使顾客购买商品。

2.聚焦面部细节

为了增加面膜对顾客的吸引力，店主可以呈现聚焦模特面部的细节图（见图3-53）。通过面部细节图的展示，顾客不但可以将面膜看得更真切，了解面膜的厚度、密度以及大小，而且还能从模特贴上面膜的面部表情来感觉自己贴上面膜是什么样的感受。

图 3-53　聚焦模特面部的细节图

如果模特敷上面膜后，其双眼是紧闭的，那么这样的图片往往能够产生更好的效果（见图3-54）。因为顾客可以通过模特陶醉的样子，仿佛看到自己贴上面膜后也会如此享受。从而激发顾客的购买欲望。

3.不断变换模特的动作

拍摄面膜图片的过程中，店主不能总是让模特保持一种动作。即便店主变换了不同的背景，这样拍出来的面膜图片也是千篇一律，毫无新鲜感的，无法

图 3-54　模特紧闭双眼

让顾客对其产生兴趣。所以，店主要不断让模特变换动作，这样的图片才更具吸引力，让顾客产生想要拥有此面膜的想法。

4. 注意突出主体

拍摄面膜图片时，店主需要注意突出主体，要清楚面膜与模特的关系是主要体现物和次要体现物的关系。因此，拍摄时要以面膜特写为主，其次才是模特。这样，顾客首先看到的是面膜，而不是模特。

以上就是店主拍摄模特图片时需要掌握的四个模特拍摄技巧。店主掌握了这些技巧就有可能拍出比较美观的图片，处理图片也会比较简单，无需花费太多的时间和精力。这样精美的模特图片也会更吸引顾客，促使顾客购买商品。

3.4 童书类商品的拍摄与处理

随着微商"哈爸"卖儿童绘本越来越红火，很多人都加入了售卖童书类商品的队伍中。为了拍出效果绝佳的童书图片，以达到吸引顾客购买童书的目的，在拍摄童书时，店主需要掌握的是童书类商品的拍摄要点，还需要注意并处理的就是书籍拍摄的反光问题，它是影响图片是否美观的关键点。

童书类商品的拍摄要点

要想将童书类商品卖好，店主就必须站在顾客的角度想问题。了解顾客在微店购买童书时最关心童书的哪些方面。只有懂得了顾客的心理需求，并在拍摄图片时将重要内容其展示出来，才能吸引顾客的注意力和购买兴趣。要想达成这一目标，店主需要注意如图 3-55 所示的拍摄要点。

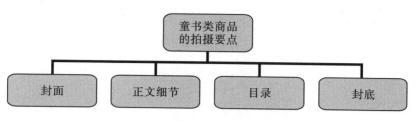

图 3-55 童书类商品的拍摄要点

1. 封面

拍摄童书类商品时，封面是最重要的拍摄要点（见图 3-56）。顾客通过封面能够了解书名、作者以及出版社等信息。顾客会以此来判断这本书是否适合自己的孩子阅读，孩子是否会喜欢看这本书，等等。如果顾客做出初步判断后，觉得该书适合孩子阅读，就会对此书感兴趣，从而增加顾客的购买欲。

2. 正文细节

虽然顾客能从封面初步了解一本书，但该书的内容是顾客无法凭空想象的。所以，向顾客展示书的部分内容也是非常必要的，这也是童书类商品拍摄的要点之一（见图 3-57）。

图 3-56 书的封面

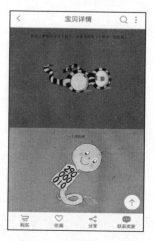

图 3-57 书的部分内容

3. 目录

为了提高服务质量，让顾客对图书有更多的了解，店主可以将书的目录拍摄下来（见图 3-58），这样顾客就能通过目录来了解该书的框架。当顾客深入了解此书后，就会做出是否购买的决定。所以，目录也是童书类商品重要的拍摄细节之一。

4. 封底

顾客也会比较关注童书的封底（见图 3-59），这是因为封底有该书的基本信息，比如定价。一般来说，如果这本书有优惠活动，顾客可以根据封底的定价与书的实际标价进行对比，就能判断出该书是否便宜。如果优惠的价格比较吸引人，而该书又比较符合顾客的基本要求，绝大多数的顾客都会毫不犹豫地购买下来。因此，封底同样是童书类商品重要的拍摄细节之一。

图 3-58　书的目录

图 3-59　书的封底

以上就是拍摄童书类商品的几个要点，对于这些拍摄要点，店主不仅要掌握，还要在实际操作中做好每一个环节。这样才能使顾客看到他们需要的内容，还可以将图片拍摄得更美观、更吸引人。

童书拍摄避免反光

在拍摄童书之前，很多店主都认为拍童书很简单，等到实际操作时，却发现拍童书看似简单，其实是一件非常烦琐的事情。因为很多童书的表面都比较光滑，不管店主用的是闪光灯，还是自然光，都无法避免反光的问题。这样拍出来的童书图片不仅不美观，而且书上的字迹也不容易辨认。

那么，怎么处理这个问题呢？如果店主使用机顶闪光灯直打，不仅无法去除反光，反而会加强反光的强度，造成受光不均匀，即中间太亮，而周围却很暗。其实，之所以会反光主要是因为光线太集中。那么，在拍摄过程中，如何避免反光问题呢？

店主可以将墙作为"反光板"，这样就可以通过反射将光线均匀地照在书面上了，从而达到较好的拍摄效果。具体的操作是，店主首先将书放在平面上，然后将外置闪光灯掰直，直接对准白墙（见图 3-60）。这里需

图 3-60　外置闪光灯对准白墙

要店主注意的是，不要加柔光罩，因为柔光罩会改变光线的方向。

当光线射向白墙后就会被反射回来（见图 3-61），此时，光线面积就被扩大很多，能够均匀地照射在书面上，这样就能有效避免拍摄的反光问题。

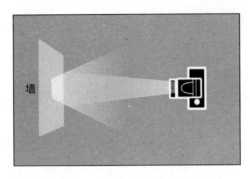

图 3-61　被反射的光线

不过，新的问题又出现了，因为光线的方向，童书的背面会产生浓重的阴影。除此之外，因为拍摄角度的问题，书的透视感比较强，这就为后期的平面化工作带来了很多不必要的麻烦，这并不是店主想要的结果。

那么，遇到这种情况该如何解决呢？其实办法很简单，店主可以在相机后夹一个较大的反光板，并调整它的方向，以确保被墙反射过来的光线再被反射回去（见图 3-62），这样就形成了平衡性很好的光线。当反光板将光线再次反射

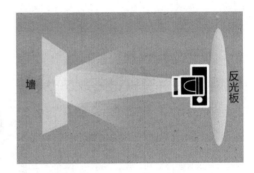

图 3-62　再次被反射的光线

过去时，就能有效填充童书背面的阴影部分了。虽然童书的阴影多少会有一些，但至少不会像以前那样明显了。另外，店主还需要调整相机与书之间的角度，尽量让两者处于平行的状态。同时，店主还需要尽量避免透视产生的畸变。这样，店主就基本完成了童书的拍摄了。

第 4 章

使用频率最高的修图工具：Photoshop

对微店来说，店铺装修很重要。在装修店铺过程中，小到图片裁剪，大到广告图的设计，都需要借助修图软件完成。可以说，修图软件是店主处理图片最得力的助手，尤其是Photoshop，它是目前使用频率最高的修图工具。对店主来说，要想装修好店铺，就必须掌握 Photoshop 的基本操作。

4.1　如何把微店图片裁剪出最佳效果

在微店中，再精彩的图片也不可能被无限放大使用，只有在合理的空间里，才能将最有价值的视觉信息，最大限度地以最醒目的方式传达给顾客。在这种情况下，图片的后期处理工作就显得尤为重要，特别是图片的裁剪工作。如果图片裁剪工作做得不好，将直接影响图片向顾客传递视觉信息的准确度。所以，在编辑图片过程中，如何把微店图片裁剪出最佳效果，是各位店主都必须要思考的问题。

裁剪出正方形

在画面的构图中，用正方形构图截取画面的重要部分往往能裁剪出较为满意的图片。可以说，在 Photoshop 软件中，裁剪出正方形是一项非常重要的基础操作步骤。那么，微店店主如何使用 Photoshop 裁剪出正方形的图片呢？

首先，我们需要在 Photoshop 页面中，打开"文件"菜单，找到并单击"打开"命令，就能打开图片所在文件夹。然后，单击需要裁剪的图片（见图 4-1），该图片就会显示在"打开"页面中的最下方，再单击"打开"选项即可。这时，你就能看到需要裁剪的图片显示在 Photoshop 页面中了，这代表着我们已成功完成了图片的添加工作（见图 4-2）。

图 4-1 选择需要裁剪的图片

图 4-2 成功添加的图片

其次，我们需要对已添加的图片进行裁剪。单击左边工具栏中的"裁剪工具"选项，这时鼠标的箭头会变成裁剪的形状，代表着画面已经进入裁剪状态，我们需要选择裁剪区域。我们可以以图片中的某一点为起点，拖动裁剪工具。当看到所选区域的图形为正方形时，就可以将紧按鼠标的手松开了（见图 4-3）。

图 4-3 所选区域为正方形

最后，我们需要将图片裁剪下来。双击鼠标左键就能将已选中的区域裁剪下来，这时就完成了裁剪正方形图片的工作（见图 4-4）。

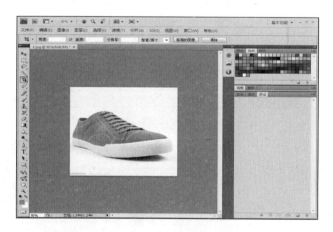

图 4-4 图片裁剪出正方形

在拍摄商品图片过程中，由于很多店主都不是专业的摄影师，难免会拍出主体不明确的图片，这些图片都需要店主在后期进行处理。如果店主懂得并善于裁剪出正方形图片，那么这可以让图片更加完美、更吸引人。

裁剪并重新构图

在拍摄商品过程中，构图很重要，这也是摄影的基本功之一。它就像数学中的加减乘除，而裁剪就是构图的助力。不可否认的是，有些图片可能本身构图不差，但经过一番裁剪，更容易达成店主理想中的构图和图片效果。店主要想通过裁剪来实现原本的拍摄想法，可以使用 Photoshop 对图片进行重新构图，具体操作步骤如下。

首先，店主需要打开文件中的图片（见图 4-5）。

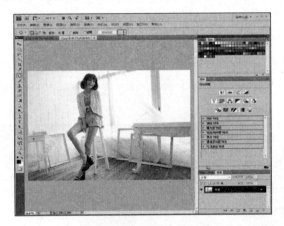

图 4-5　打开文件中的图片

其次，店主需要单击左边工具栏中的"裁剪工具"选项，并选中所要裁剪的区域（见图 4-6）。

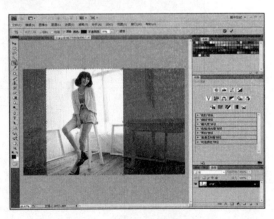

图 4-6　选中需要裁剪的区域

最后，在选定裁剪的区域后，店主双击鼠标左键，将图片裁剪下来（见图 4-7）。这时，就完成了该图片的重新构图处理工作。

图 4-7　图片已裁剪

在拍摄商品过程中，难免会有意外插曲，或者是店主没有注意到边边角角的细节，最终影响了图片的美观。通过裁剪并重新构图，店主就能有效弥补拍摄过程中出现的一些失误，对图片进行修正，以期达到最佳效果。

通过裁剪校正透视变形的图片

在拍摄图片过程中，有些店主会将一些高大建筑或街道作为拍摄背景，由于相机的透视作用，以至于拍出来的图片往往是近大远小，这样就会让图片整体产生不平衡感，从而影响图片的美感。为了解决这一问题，店主可以使用 Photoshop 对图片进行裁剪，让图片得到校正。

首先，店主在 Photoshop 中打开文件夹中需裁剪校正的图片（见图 4-8 ）。

图 4-8　打开所需裁剪校正的图片

　　其次，店主需要单击工具栏中的"裁剪工具"选项，选中需要裁剪的区域，并任意移动裁剪区域的四条边和四个角（见图 4-9）。在这个过程中，店主要注意与人物后面的背景保持平衡。

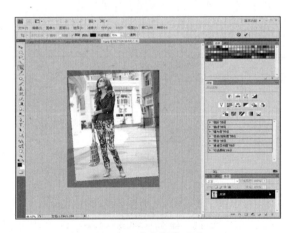

图 4-9　移动裁剪区域

　　最后，在调整裁剪角度后，店主单击鼠标右键，选择"裁剪"选项。这时，就完成了该图片透视变形的校正工作（见图 4-10）。

图 4-10　透视变形的图片已被校正

　　实际上，在拍摄图片过程中，视角不对是最容易发生的问题。一般没有特殊要求，图片的水平线必须要平，垂直线也要直。当无法避免图片的透视变形时，只要掌握以上剪裁图片透视变形的基本操作步骤，就可以通过裁剪来校正图片的透视变形。

4.2　如何修图才能美化微店商品图片

　　很多人认为，商品图片的好坏是由摄影师决定的，但事实并非如此。因为在一张好的商品图片中，修图与摄影同等重要。一般来说，良好的拍摄水平，加上店主后期的完美修图，才能打造出一张视觉效果绝佳的图片。所以，对于店主来说，如果你已经具备了一定的拍摄水平，那么通过修图来美化微店商品图片就是目前最需要解决的问题了。

污点修复画笔工具

　　无论是拍摄商品图片，还是处理商品图片，只要在图片上留下一点极小的瑕疵，都会严重影响商品图片的整体美观。要想解决这一问题，就可以使用 Photoshop 软件中的"污点修复画笔工具"功能。那么，具体该怎样操作呢？

首先，店主在 Photoshop 中打开文件夹中需要修复的图片（见图 4-11）。在该图片上有明显的污点。要想去掉这个污点，需要单击左边工具栏中的"污点修复画笔工具"选项。

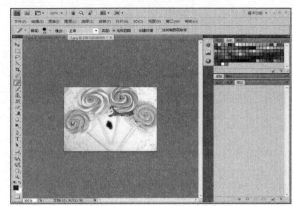

图 4-11　需要修复的图片

其次，店主在单击"污点修复画笔工具"选项后，单击"画笔"选项，然后就能看到有关画笔的相关内容，如画笔的直径、硬度等。这时，需要根据图片上污点的位置、大小和形状，以及图片的背景颜色，选择合适的画笔。需要注意的是，需要根据图片的背景颜色调节画笔硬度，如果画笔硬度过大，那么会在去掉污点的同时将背景颜色一起涂抹掉（见图 4-12）。

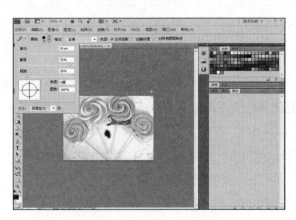

图 4-12　污点修复画笔工具栏

最后，在选择好画笔后，店主就可以用画笔涂抹图片上的污点了，直到将其涂抹干净（见图 4-13）。

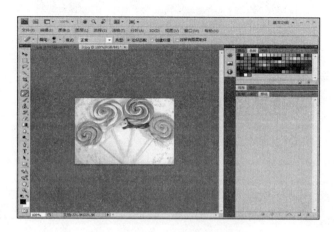

图 4-13　图片上的污点已去掉

当店主掌握了污点修复画笔工具的基本操作步骤，在处理图片时，就会更加熟练，图片最终也会呈现出最佳效果。

修补工具

当图片上有明显裂痕或污点时，店主可以使用 Photoshop 中的"修补工具"功能进行修复。一般来说，修补工具可以大面积修复图片上有缺陷的地方。那么，具体怎样操作呢？

首先，在 Photoshop 中打开文件夹中需要修补的图片（见图 4-14）。然后，单击左边工具栏中的"污点修复画笔工具"选项。需要注意的是，在单击"污点修复画笔工具"选项后，单击鼠标右键才能找到"修补工具"选项。

图 4-14　需要修补的图片

其次，在找到并单击"修补工具"选项后，这时鼠标箭头就会变成"修补工具"的形状，这说明页面已经进入了修补状态。然后，使用画笔将需要修补的图片区域勾出来（见图 4-15），拉取需要修复的区域并拖动到附近完好的区域，这样就可以实现图片的修补了。

图 4-15　勾出所要修补的图片区域

最后，店主修补完图片后，图片就变得完整了，也比以前更美观了（见图 4-16）。

图 4-16　图片已完成修补

实际上，在修补图片时，店主可以将补丁作为出发点，将需要修复的图片区域拖动到附近完好的区域；店主也可以将补丁作为目标，将附近完好的图片区域拖动到需要修复的区域，这两种方法都可以实现图片修补。

仿制图章工具

为了吸引顾客购买商品，聪明的店主会在图片上放置放大的商品细节图，这能让顾客对商品有最深入的了解。要想放大商品的细节图，店主可以使用 Photoshop 中的"仿制图章工具"功能。仿制图章工具能够按照涂抹的范围复制部分或全部图片到一个新的图像中，那么具体怎样操作呢？

在 Photoshop 中打开文件夹中需要仿制图章的图片（见图 4-17 ）。然后，单击左边工具栏中的"仿制图章工具"选项。这时，页面上方就会出现"仿制图章工具"栏，再单击该栏中的"画笔"选项，可以调节画笔的"主直径"和"硬度"，也可以直接选择一款合适的画笔。

图 4-17　打开需要仿制图章的图片

选好画笔后，店主需要定义复制的区域。首先，店主用左手按住 "Alt" 键，单击已定义为源的点。其次，店主在复制区域内选择其中的某一部位作为复制的起点，用鼠标向其四周移动画笔。最后，店主在整个图片中选择一块区域作为仿制图片的位置，并用画笔在上面仿制。这时，在原图片上就会有仿制的图章了（见图 4-18）。

图 4-18　成功仿制的图章

如果店主掌握了仿制图章工具的基本操作步骤，那么就能轻松绘制出一张完美的商品图片。

4.3 微店图片调色

在拍摄商品图片过程中，由于受到拍摄环境、光线等因素的影响，拍出来的图片不可能很完美，甚至很可能会与预期的有一定的差距。这时，店主就必须学会给图片调色，通过使用 Photoshop 软件中的调色工具，对图片的亮度、饱和度等进行适当的调整，以达到最佳效果。

使用色阶工具调整图片亮度

由于拍摄环境的光线太暗，因此拍出来的图片画面会显得灰暗。这时，店主可以使用 Photoshop 中的"色阶工具"功能来调整图片的亮度。在使用该工具前，店主需要了解什么是色阶。色阶是图像亮度强弱的指数标准，即色彩指数，它能够直接决定图像的色彩丰满度和精细度。需要注意的是，色阶是指亮度，与颜色无关。如果想要通过色阶来调整图片亮度，那么就必须要知道它的基本操作步骤。

首先，在 Photoshop 中打开文件夹中需要调整亮度的图片（见图4-19）。然后，单击工具栏中的"图像"选项，在图像栏里找到并单击"调整"选项，再单击"色阶"选项。

图 4-19　打开需要调整亮度的图片

单击"色阶"选项后，页面出现了一个色阶面板（见图 4-20），店主在这个面板上可以看到色彩明暗分布的状况。在输入色阶中，色阶将整个图片划分成三类进行调整，它们分别是黑色、灰色、白色。其中，黑色与灰色之间的区域显示的是图片的亮色区域的色彩分布，灰色与白色之间的区域显示的是图片的暗色区域的色彩分布。

图 4-20　色阶面板

向右拖动"黑色"按钮就会加强暗色调的色彩对比（见图 4-21），而"黑色"按钮以左的部分就会变成全黑。换句话说，暗部的细节将会消失。

图 4-21　向右拖动"黑色"按钮效果图

当向左拖动"灰色"按钮时,图片的亮度就会增强(见图4-22)。反之,向右拖动"灰色"按钮时,图片的亮度就会减弱(见图4-23)。

图 4-22　向左拖动"灰色"按钮效果图

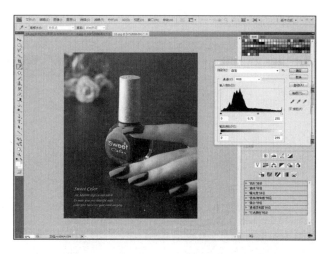

图 4-23　向右拖动"灰色"按钮效果图

向左拖动"白色"按钮将会加强两色调的色彩对比,但"白色"按钮右边的部分就会变成全白。也就是说,亮部的细节将会消失(见图4-24)。

图4-24　向左拖动"白色"按钮效果图

与"输入色阶"一样，向左拖动"输出色阶"选择中的"黑色"按钮，图片会变亮（见图4-25）；向左拖动"白色"按钮，则图片会变暗（见图4-26）。

图4-25　图片变暗

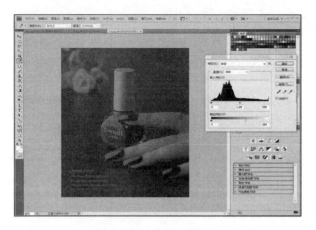

图 4-26　图片变暗

　　店主要想调整图片的亮度，可以适当调整 "输入色阶" 和 "输出色阶"。当调整好图片的亮度后，就可以单击"确定"选项（见图 4-27）。这时，使用色阶工具调整图片亮度的工作就完成了（见图 4-28）。

　　如果店主掌握了使用色阶工具调整图片亮度的基本操作步骤，即使拍摄环境的光线灰暗，也能通过色阶工具适当调整图片的亮度，让图片看起来更加舒适，更能吸引顾客。

图 4-27　单击"确定"选项

图 4-28　图片的亮度调整工作已完成

使用曲线工具调整图片亮度

店主除了使用色阶工具来调整图片的亮度以外，还可以使用 Photoshop 软件中的曲线工具调整图片亮度。那么具体怎样操作呢？

首先，在 Photoshop 中打开文件夹中需要调整亮度的图片（见图 4-29）。

图 4-29　打开文件夹中需要调整亮度的图片

其次，单击工具栏中的"图像"选项，并选择"调整"选项中的"曲线"选项。这时，就能看到曲线面板了（见图4-30）。在这个曲线面板上，店主可以根据实际情况拉动曲线，也可以选择画笔调整图片亮度。

图4-30　曲线面板示意图

一般来说，向上拉动曲线，图片会变亮；向下拉动曲线，图片会变暗。由于该图片画面较暗，因此可以向上拉动曲线调整图片亮度。每拉动一下曲线，图片都会随之发生变化。当图片被调整到足够亮时，就可以单击"确定"选项（见图4-31）。

图4-31　单击"确定"选项

这时，该图片的整体亮度就会增强（见图4-32），这意味着已经完成使用曲线工具调整图片亮度的工作了。

图 4-32　图片的亮度增强

以上就是在 Photoshop 中使用曲线工具调整图片亮度的基本操作步骤。需要注意的是，除了上下拉动曲线调整图片亮度以外，还可以使用画笔在曲线面板上画出曲线，这样也能够调整图片亮度。

让图片更出色

如果拍出来的图片效果不佳，色彩不够鲜艳，那么可以通过调整图片的色相或饱和度让图片更出色。那么，具体怎样操作呢？

首先，打开文件夹中需要调整的

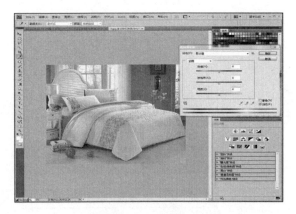

图 4-33　打开文件夹中需要调整的图片

图片（见图 4-33）。然后，单击工具栏中的"图像"选项，并选择"调整"选项中的"色相或饱和度"选项。

其次，进入"色相或饱和度"面板后，需要根据实际情况调整图片的色相、饱和度和明度（见图 4-34）。调整完成后，单击"确定"选项。当然，

图 4-34　调整图片的色相或饱和度

可以选择全图调整色相或饱和度，也可以针对图片中的某一种颜色进行调整。

最后，单击"确定"选项后，就可以看到调整后的图片效果了（见图 4-35）。

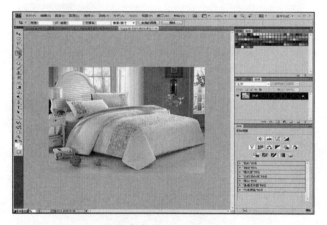

图 4-35　调整色相或饱和度后的图片效果

如果店主掌握了调整图片的色相或饱和度的基本操作步骤，那么就能有效解决图片颜色不鲜亮的问题。更重要的是，图片经过调整亮度之后，

能大大提高图片对顾客的吸引力，从而增加订单成交量。

让图片更清晰

锐化工具主要用于调整图像的清晰度，当锐化值较高时，图像边缘就会比较清晰。锐化工具不仅可以锐化图片，还可以修出有着极好的模糊、柔化及发光效果的图片。那么，具体怎样操作呢？

首先，打开文件夹中需要锐化的图片（见图4-36）。

图4-36　打开文件夹中需要锐化的图片

其次，单击工具栏中的"图层"选项，再单击"复制图层"选项，这时，页面右下角的图层栏中就出现了新增加的图层（见图4-37）。

图4-37　已复制的图层

最后，单击页面上的"滤镜"功能，找到并单击"锐化"选项。在"锐化"选项栏中，选择"USM 锐化"选项。在"USM 锐化"界面上（见图4-38），需要选择退化的具体参数，如数量、半径等，选择参数后，单击"确定"选项。

图 4-38 "USM 锐化"界面

这时，就能看到锐化后的图片了（见图4-39）。

图 4-39 图片锐化后的效果图

需要注意的是，锐化的原理是提高像素的对比度，让图片更清晰，它主要用于实物的边缘处理。所以，在锐化图片时，不能过度锐化图片，避免产生图片失真的效果。

4.4 微店抠图大全

如果店主对拍摄的图片不满意，不喜欢它的背景或不想要图片中的某个摆设，那么可以使用 Photoshop，对图片进行抠图。店主要想顺利完成图片的抠图工作，就必须要掌握不同图形的抠图操作步骤。

使用矩形或椭圆形选框工具抠图

店主要想将正方形或椭圆形物体顺利抠出，必须要学会使用矩形或椭圆形选框工具抠图。那么具体怎样操作呢?

首先，打开文件夹中需要抠图的图片（见图 4-40），如果需要将图片中的面膜抠出来，可以选择工具栏中的"矩形选框工具"选项，按住鼠标在画面中拖动，绘制出一个矩形的选择区域。然后，单击鼠标右键，这时会出现一个选框，单击"变换选区"选项。当然，也可以单击工具栏中的"编辑"选项，选择"变换路径"选项中的"扭曲"选项。

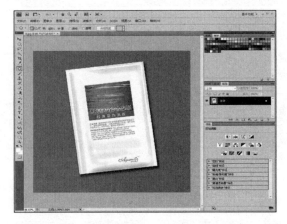

图 4-40 打开文件夹中需要抠图的图片

这时，矩形选区的四个角会出现四个控制点，需要调整四个控制点（见图 4-41），分别将这四个控制点放在面膜的四个角。需要注意的是，在抠图过程中，不要严格按照商品的边缘去选图片，而是要尽量将控制点向里放置，将面膜的外边缘留出一部分，因为这样选出来的图片才更加符合原图，抠出来的图片也会更加干净。

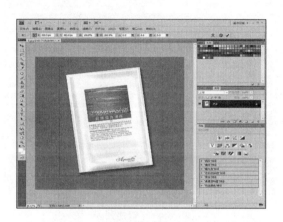

图 4-41　调整图片上的四个控制点

调整好矩形的四个控制点后（见图 4-42），按"回车"键或单击选项栏中的"进行变换"按钮以确认变换。

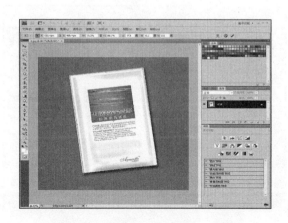

图 4-42　矩形的四个控制点已调整

确认变换以后，就可以查看矩形的抠图效果了，选择"图层"选项中的"新建"选项，并单击"通过拷贝的图层"选项。这时，在图形面板中就出现了一个新的图层（见图4-43），且该图层的缩栏图中呈现了矩形抠图的效果。

图 4-43　新建图层

如果想要看得更清楚，可以单击背景层里的"隐藏"选项。这时，就能看到该图片的矩形抠图效果了（见图4-44）。

图 4-44　图片的矩形抠图效果图

当然，店主仅学会矩形选框工作的操作步骤还不行，还需要掌握其他形状物体的抠图，如椭圆形物体。如果遇到椭圆形物体，怎样进行抠图呢？

首先，打开文件夹中需要抠图的图片（见图 4-45），如果将图片中的盘子抠出来，那么可以选择工具栏中的"椭圆形选框工具"选项，按住鼠标在图片上拖动，绘制出一个椭圆形的选区。然后，单击鼠标右键，这时会出现一个选框，单击"变换选区"选项。

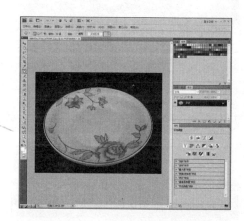

图 4-45　打开文件夹中需要抠图的图片

这时，椭圆形选区内会出现四个控制点，需要调整四个控制点和椭圆形选框（见图 4-46），并与盘子的轮廓吻合（见图 4-47）。

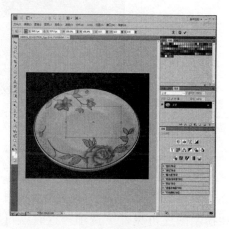

图 4-46　调整椭圆形的四个控制点

119

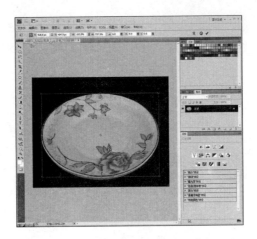

图 4-47　椭圆形选框与盘子的轮廓相吻合

　　然后，按"回车"键，并选择"图层"选项中的"新建"选项，再单击"通过拷贝的图层"选项。这时，在图层面板上就会出现新增加的图层了（见图 4-48）。

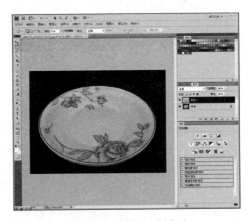

图 4-48　新增加的图层

　　如果要想查看椭圆形选框工具的抠图效果，可以单击背景图层中的"指示图层可见性"选项。这时就可以看到使用椭圆形工具的抠图效果了（见图 4-49）。

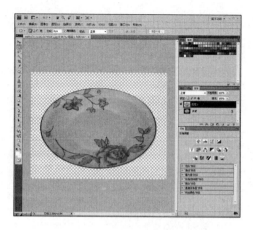

图 4-49　椭圆形工具的抠图效果

　　矩形椭圆形选框工具抠图适用于与它们形状吻合的物体。所以，店主在抠图过程中，必须要根据物体的形状来选择合适的抠图工具。

直边规则图形的抠图

　　店主要想将那些比较规则的物体抠出来，就必须学会使用"多边形套索工具"。那么具体怎样操作呢？

　　首先，打开文件夹中需要抠图的图片（见图 4-50），如果要将图片中的盒子抠出来，那么可以选择工具栏中的"多边形套索工具"

图 4-50　打开文件夹中需要抠图的图片

选项，并以盒子的某一角为起点，将盒子的轮廓勾出。

其次，在勾完盒子的轮廓后，单击工具栏中的"选择"选项，再找到并单击"反向"选项。除此之外，还需要单击"背景图层"选项。这时，可以看到一个画框，单击"确定"选项（见图4-51）就能将背景图层变成普通图层了。

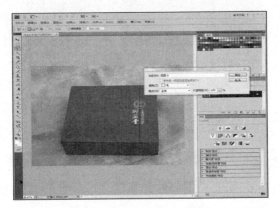

图4-51　单击"确定"选项

最后，按"Delete"键后，再按"Ctrl+D"组合键，这时图片中的盒子就被抠出来了（见图4-52）。

图4-52　从图片中成功抠出来的盒子

店主掌握了直边规则图形抠图的基本操作步骤后，就可以更方便、更快捷地处理图片了。

背景色单一的图片的抠图

当店主对图片不满意，想要将主体图形抠出重新构图时，如果图片的背景色比较单一，那么可以使用 Photoshop 中的"快速选择工具"，就能轻

图 4-53　打开文件夹中一张背景色单一的图片

松搞定图片的抠图，具体操作步骤如下。

首先，打开文件夹中选择一张背景色单一的图片（见图 4-53），由于图片的背景是白色的，比较单一，因此可以选择"快速选择工具"将商品的轮廓勾选出来（见图 4-54）。

图 4-54　勾出商品轮廓

其次，单击页面右下角的图层界面，这时页面上就会出现一个画框，将背景改为图层（见图4-55），单击"确定"选项。

图 4-55　将背景改为图层

最后，按"Delete"键，这时就已经将背景色单一的商品抠出来了（见图4-56）。

图 4-56　抠出背景色单一的商品

背景色单一的图片的抠图操作相对来说比较简单，店主很容易掌握其操作步骤。

毛发物体的抠图

在抠图技术中，抠去人物的毛发是最难的。由于人物的发丝较细，因此在抠图过程中无法使用钢笔、套索等工具，只能使用"通道"工具抠图。那么具体怎样操作呢？

首先，打开文件夹中需要抠图的图片（见图4-57）。在"通道"页面上，单击"蓝色通道"选项（见图4-58）。这时，图片就发生了变化。

图 4-57　打开文件夹中需要抠图的图片

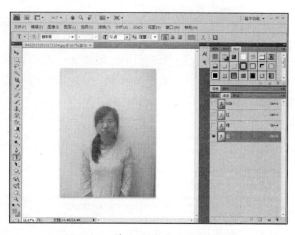

图 4-58　单击"蓝色通道"选项

其次，复制一个蓝色通道副本（见图4-59），再单击"图像"选项中的"调整"选项，并选择"反相"。这时，人物图像就有了"反相"的效果（见图4-60）。

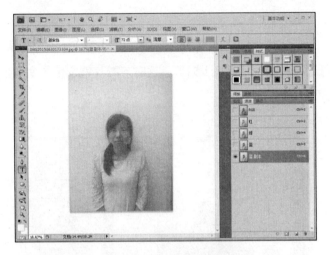

图4-59　复制一个蓝色通道副本

图4-60　人物图像的反相效果图

在单击"图像"选项中的"调整"选项后，选择"色阶"选项，这时页面上会弹出一个色阶面板（见图4-61），在这个面板上，需要调整图片的亮度。调整好图片的亮度后，单击"确定"选项（见图4-62）。

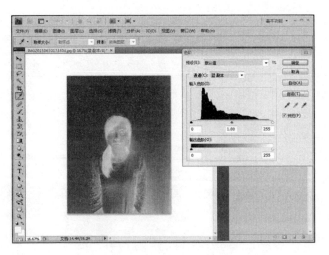

图 4-61　色阶面板示意图

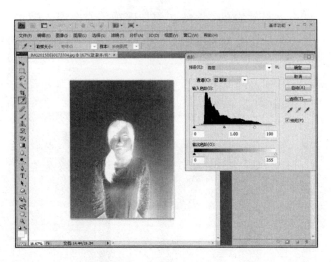

图 4-62　单击"确定"选项

单击左边工具栏中的"画笔工具"选项，并适当调整画笔的硬度、直径和颜色。然后，将图片上的人物擦掉，不管是人物的头发，还是人物的衣服，都需要擦掉，但必须是在人物的轮廓范围内进行。在人物被擦掉后（见图 4-63），就可以选择"魔棒工具"了。

图 4-63　擦掉人物的轮廓范围

在单击左边工具栏中的"魔棒工具"选项后（见图 4-64），单击图片，这时图片上的人物处于反相状态。

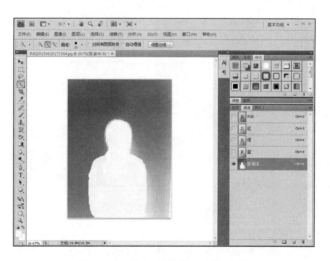

图 4-64　单击"魔棒工具"选项

接下来，单击"图层"面板（见图 4-65），并单击背景。这时页面上会弹出一个新建图层面板（如图 4-66 所示），单击"取消"选项。

图 4-65　图层面板示意图

图 4-66　新建图层板面示意图

最后，需要复制一个图层（见图 4-67），并按"Delete"键。这时，人物的抠图过程就完成了（见图 4-68）。

图 4-67　复制一个背景副本

图 4-68　完成人物的抠图效果图

　　与其他物体的抠图操作步骤相比，毛发物体抠图难度较大，操作烦琐，但如果店主能够掌握毛发物体的抠图操作步骤，就能轻松完成有关毛发物体的抠图工作了。

4.5　微店图片创意处理

在众多微店中，从不缺乏美丽的商品图片，但是美丽的事物太多，顾客就会容易出现审美疲劳。这个时候，如果店主能够对拍摄的图片进行创意处理，那么就能吸引顾客的目光。

商品的手绘效果图

对顾客而言，他们看到的图片更多的是彩色的，手绘效果图虽然没有彩色图片颜色鲜亮，但是从其艺术效果来看，手绘效果图比彩色图片更加生动，更加能够直观、形象地向顾客表达设计者的构思意图。那么具体是怎样操作的呢？

首先，在 Photoshop 页面中，打开文件夹中需要处理的图片（见图4-69）。其次，单击工具栏中的"图像"选项，再找到并单击"调整"选项。最后，单击"去色"选项。这时，图片就会变成灰色的（见图4-70）。

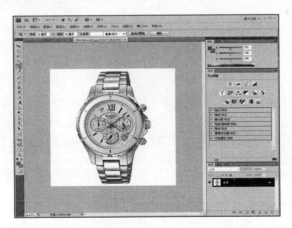

图 4-69　打开文件夹中需要处理的图片

图 4-70　去色后的图片

　　选中图片图层后，需要按"Ctrl+J"组合键复制一层，或者单击图层中的"复制图层"选项。然后，单击"图像"选项，选择"调整"并单击"反相"选项。这时，图片就产生了"反相"的效果（见图 4-71）。

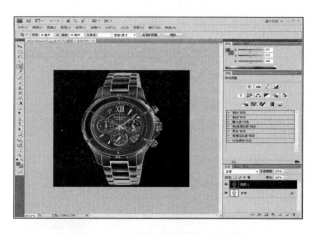

图 4-71　图片的"反相"效果图

　　接下来，单击"滤镜"选项，再单击"其他"选项并选择"最小值"选项。在"最小值"页面中，需要将半径设置为"1"个像素，单击"确定"选项（见图 4-72）。

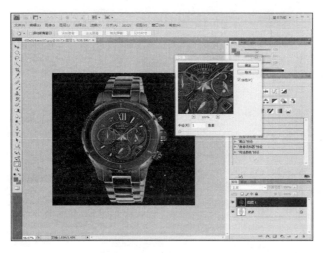

图 4-72 单击"确定"选项

　　这时，图片就有了"滤镜"的效果（见图 4-73）。然后，单击图层中的"图层样式"选项并选择"混合"选项。在混合选项页面上（见图 4-74），单击"混合选项"选项，并选择"颜色减淡"选项，最后单击"确定"选项。

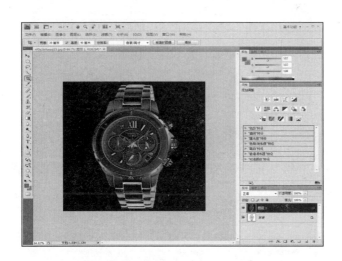

图 4-73 图片的"滤镜"效果图

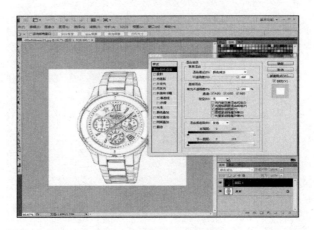

图 4-74　混合选项页面示意图

这时，就能看到该图片的手绘图效果了（见图 4-75）。

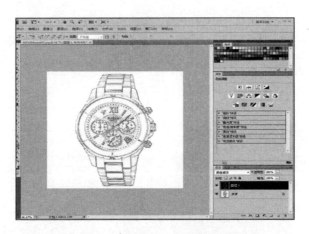

图 4-75　图片的手绘图效果

如果店主能够掌握手绘图效果的基本操作步骤，就能让图片牢牢吸引顾客的目光。

商品的倒影效果图

为了减少图片对顾客的冲击力，店主可以使用 Photoshop 来为图片添加创意倒影效果。那么具体怎样操作呢？

　　首先，打开文件夹中需要处理的图片（见图4-76），选择"钢笔工具"选项将该图片显示商品的轮廓勾出来。同时按住"Ctrl"键和"回车"键，这样就能羽化该图片所显示的商品轮廓。

图4-76　打开文件夹中需要处理的图片

　　其次，缩小图片上的商品，可以按"Ctrl+T"组合键选中该图片上的商品（见图4-77），并拉动所选商品的一角，将商品缩小。

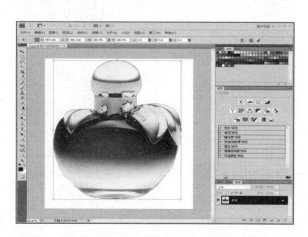

图4-77　选中该图片上的商品

在缩小商品后（见图4-78），单击页面上方的"图层"选项，再单击"复制图层"选项。

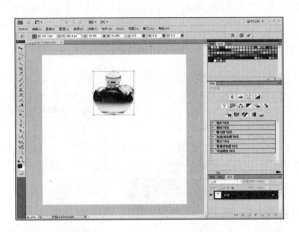

图 4-78　缩小商品示意图

这时，页面右下角的图层界面就会显示出新添加的图层（见图4-79）。然后，单击"移动工具"选项并移动该图片上的商品。

图 4-79　新添加的图层示意图

这时，就可以看到图片上出现了两个相同的商品图片，用鼠标移动其中一个商品图片，将其放在另一个的下面（见图4-80）。

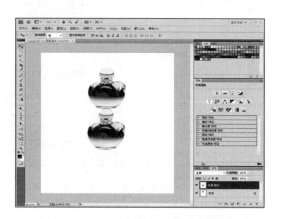

图 4-80　移动商品图片示意图

再次，单击"编辑"选项中的"变换"选项，并选择"旋转180°"选项。这时，页面上的两个商品会"背靠背"呈现（见图4-81）。

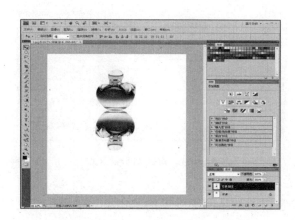

图 4-81　商品旋转180°后的示意图

最后，单击图层面板上的"背景副本"选项。进入到"混合选项"页面后（见图4-82），需要拉动"不透明度"，对产生倒影的商品调整不透明度。当商品倒影的透明度达到最佳效果时，单击"确定"选项。

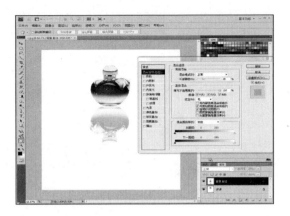

图 4-82　"混合选项"页面示意图

这时，就完成了商品倒影的处理（见图 4-83）。

图 4-83　商品倒影效果图

店主只要掌握了商品倒影效果的基本操作步骤，不管拍出来的图片是平面的还是立体的，都能做出倒影的效果。一般来说，商品倒影效果会让图片更富有空间感，从而更能吸引顾客的目光。

第 5 章

微店官方战略合作伙伴：美图秀秀

众所周知，美图秀秀是一款既实用又操作简单的图片处理软件，它拥有特效、美容、拼图等功能。与 Photoshop 相比，美图秀秀的操作更简单，无需店主花费太多的时间和精力去学习。该软件不仅增加了人们的生活乐趣，还是必不可少的修图助手。

5.1 简单的图片处理

美图秀秀软件的操作非常简单，店主在掌握了它的基本操作步骤后，就能对图片进行简单的处理，如自由裁剪照片、放大或缩小图片等。

调整拍歪的图片

为了节省成本，很多微店店主都选择亲自拍摄商品图片。由于不是专业摄影师，因此拍出来的图片可能会出现倾斜的现象。这时，店主该怎样调整这些拍歪的图片呢？

首先，进入美图秀秀主页面（见图 5-1），点触"美化图片"选项。其次，从手机相册中选择需要修正的图片（见图 5-2）。选定图片后，点触"编辑"选项（见图 5-3）。

图 5-1　美图秀秀主页面

图 5-2　手机相册

图 5-3　拍歪的图片

这时便进入到图片裁剪页面（见图 5-4），这是系统默认的编辑页面。如果要修正拍歪的图片，就需要点触"旋转"选项，在图片旋转页面中（见图 5-5），点触"向左旋转"选项。

图 5-4　图片裁剪页面

图 5-5　图片旋转页面

最后，在拍歪的图片被修正后（见图5-6），点触"√"选项，该图片就被保存到相册中了(见图5-7)。

图5-6　已修正的图片

图5-7　图片已保存到相册

实际上，想要将拍歪的图片修正，除了向左旋转外，还可以选择向右旋转、上下旋转或左右旋转。

放大或缩小图片

美图秀秀作为图片编辑软件，它能对图片进行简单的处理。那么，该软件能否放大或缩小图片呢？答案当然是肯定的。下面，我将详细介绍在电脑上使用美图秀秀软件改变图片大小的具体步骤。

在美图秀秀主界面上，单击"美化图片"图标（见图5-8）。进入图片编辑页面后（见图5-9），单击"打开一张图片"按钮，添加需要放大或缩小的图片。图片添加完毕后，图片编辑页面就会显示出该图片（见图5-10）。然后，单击页面右上角的"尺寸"选项。

图 5-8　美图秀秀主界面

图 5-9　图片编辑页面

图 5-10　添加图片后的示意图

在修改尺寸界面中（见图 5-11），可以看到该图片的尺寸，然后根据实际需要，放大或缩小图片。当然，在该页面中，还可以选择"常用尺寸推荐"选项中的尺寸，选择"小图"尺寸（见图 5-12），再单击"应用"选项，该图片就被缩小了（见图 5-13）。

图 5-11　修改尺寸页面

图 5-12　选择"小图"尺寸

图 5-13　已缩小的图片

当然，也可以放大该图片，选择"常用尺寸推荐"选项中的尺寸，也可以自由修改。放大图片时，可以锁定长和宽的比例（这里是 1:1 的比例），也可以自由设置。当你设置好图片的尺寸后（见图 5-14），单击"应用"图标。这时就能看到放大后的图片了（见图5-15）。

图5-14　设置图片尺寸的大小

图5-15　放大后的图片

另外，还有一种办法可以直接放大该图片，单击页面左上角的按钮，然后向右拖动，该图片就会随之放大了（见图5-16）。值得注意的是，放大该图片时，原图片的像素是不会改变的，它会以1:1的比例将图片进行放大。

图5-16　已放大的图片

实际上，当放大或缩小图片时，既可以按照图片的像素来调整图片尺寸，也可以按照图片的初始大小来修改图片尺寸。

自由裁剪图片

由于美图秀秀处理图片时操作方便、快捷，因此深受广大微店店主的喜欢。对于店主来说，很多时候拍摄出来的照片需要经过处理后才能使用。尤其是当图片中有很多空白处时，在空间有限的情况下，店主需要将其裁剪掉，才能更好地突出主体，所以，各位店主必须学会裁剪图片的基本操作步骤。那么，怎样使用美图秀秀软件自由裁剪图片呢？

首先，在美图秀秀主页面上点触"美化图片"选项，从手机相册中选择需要裁剪的图片。选定图片后，该图片就显示在页面上了（见图5-17）。其次，点触"编辑"选项，这时就进入到了"图片裁剪"页面（见图5-18）。

在裁剪图片过程中，可以自由选择裁剪的比例。在点触"比例"选项后，图片的下方就会出现很多种裁剪图片比例的方式（见图5-19），店主可以根据实际情况进行选择。当然，店主也可以选择自由裁剪。

图 5-17　需要裁剪的图片

图 5-18　"图片裁剪"页面示意图

图 5-19　图片裁剪比例方式的选择

在选定裁剪比例后，拉动裁剪图片的位置。待位置确定后，点触页面右下方的"确认裁剪"选项（见图5-20），再点触右上角的"√"选项（见图5-21）。这时，该图片的裁剪工作便完成了（见图5-22）。最后，点触页面右上角的"保存与分享"选项，该图片就被保存到相册中了。

图 5-20　点触"确
认裁剪"选项

图 5-21　点触"√"
选项

图 5-22　已裁剪
的图片

　　以上就是裁剪图片的基本流程，操作比较简单，相信各位店主很容易就能学会。当然，裁剪图片的目的不仅是为了突出主体，还是为了突出商品细节，这样商品的卖点就能很好地被展示出来了。

对比图片

　　在美化图片过程中，不管是调整图片位置，还是调节图片亮度，只要对图片做出改变或调整，都能通过"对比"功能看出照片前后的差异。那么，具体怎样操作呢？

　　首先，进入美图秀秀页面，找到并点触"需要美化的图片"选项。图片美化完毕后（见图 5-23），不要着急点触"保存与分享"选项，而是要按住页面右上角的"对比"选项。这时，美化前的图片就呈现出来了（见图 5-24），当松开此键时，就能看到美化后的图片。这样一来，店主就可以对比图片美化前后的效果了。

图 5-23　美化后的图片

图 5-24　美化前的图片

　　与前面两种功能相比，对比图片的操作步骤比较少且简单，但它所产生的作用却不容小觑。因为店主在美化图片过程中可以随时通过这种"对比"的方式来查看美化后的图片是否比美化前的图片更加吸引人。如果美化后的图片不如美化前的图片，店主可以重新美化图片，经过多次对比，美化出来的图片一定会比未美化的图片更加美观、更能吸引人。

5.2　为图片添加特殊效果

　　在美图秀秀软件中，有很多图片处理特殊效果，如添加文字、相框等。如果店主能为图片添加这些特殊效果，不仅能够让图片更加美观，还能增强图片对顾客的吸引力，从而提高店铺的销售量。想要实现这一目标，店主就必须要学会为图片添加特殊效果的操作方法。

为图片添加文字以增强说服力

在微店中，商品图片设计的好坏将直接影响顾客的购买欲。对顾客来说，决定是否购买商品的因素，除了精美的图片展示外，还有商品相应的文字说明。所以，各位店主在美化图片过程中，可以为图片添加一些文字，它能够起到增强说服顾客购买的作用。那么怎样使用美图秀秀软件为图片添加文字呢？

首先，进入美图秀秀页面后，在手机相册中找到并点触需要添加文字的图片（见图5-25）。这时，该图片就会显示在页面上（见图5-26），然后点触"文字"选项。

图 5-25　手机相册中的图片

图 5-26　已添加的图片

其次，进入文字编辑页面后（见图5-27），点触图片中间的"蓝色边框"，然后就可以输入文字信息了。输入完文字信息后（见图5-28），点触"√"选项。

图 5-27　文字编辑页面示意图　　图 5-28　输入文字示意图

　　这时，输入后的文字信息便显示在该图片上了（见图 5-29）。为了让图片更加美观，可以为文字添加会话气泡样式。点触"会话气泡"选项。在会话页面中，有很多种不同颜色和形状的会话气泡，根据商品属性或个人爱好选择。选定好会话气泡样式后（见图 5-30），选择文字的"字体"。

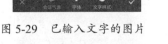

图 5-29　已输入文字的图片　　图 5-30　已添加会话气泡样式的图片

　　在点触"字体"选项后，页面上会显示出很多种字体，根据个人爱好从中选择一种字体（见图 5-31）。当选中的字体下载完成后，点触该"字体"，图片上的文字字体就变成该字体了（见图 5-32）。

图 5-31 "字体"页面示意图

图 5-32 已变换字体的图片

在文字样式页面中（见图 5-33），既可以将文字变成粗体形式，也可以改变文字的颜色。选定好文字的样式后（见图 5-34），可以适当调整文字显示在图片上的位置。

图 5-33 文字样式页面

图 5-34 已选定的文字样式

调整好文字的位置后（见图5-35），点触"√"选项。这时，就已经完成为图片添加文字的工作了（见图5-36）。

图 5-35　已调整好文字的位置　　图 5-36　成功添加文字后的图片

只要店主掌握了为照片添加文字的具体操作步骤，日后就能根据实际需要完善图片信息了，从而提高店铺的销售量。

为图片添加水印以防止他人盗用

为了吸引更多的顾客，很多店主都会在商品图片上花费很多时间和金钱。有些店主自身拥有一定的美工技能，会自己设计并美化商品图片，有些店主自己不会设计，所以只能花钱聘请专业设计师。不管是自己设计图片还是请他人设计图片，最终的目的都是让商品图片变得更加完美，进而刺激顾客消费，增加店铺的销售量。

但是，有些店主不想自己设计图也不想花钱请别人设计图片，于是就盗用他人设计好的图片供自己使用。在这种情况下，我们可以借助美图秀秀软件来为图片添加水印，这能在一定程度上预防他人盗用。那么具体怎样操作呢？

首先，进入美图秀秀页面，点触"美化图片"选项。进入手机相册页面后（见图5-37），选择图片所在的文件夹，并在"图片文件夹"中选择并点触需要美化的图片（见图5-38）。然后，就能在美图秀秀页面上看到已选定好的图片了（见图5-39）。

图 5-37　在相册中找到
需要美化的图片

图 5-38　选择图片

图 5-39　已选定的图片

其次，移动图片下方的菜单栏，找到并点触"文字"选项（见图5-40），进入文字编辑页面后（见图5-41），点触图片上蓝色框内的"文字"选项，这时就可以进行文字编辑了。输入文字时（见图5-42），既可以输入自己的微店账号，也可以输入微店名称。输入完文字后，点触"√"选项，即"完成"。最后，就能看到已编辑好文字的图片了（见图5-43）。这样，即使他人盗用你的图片，顾客也能看见图片上的水印，继而搜索到相应的微店账号或店铺名称。

图 5-40　找到并点触"文字"选项

图 5-41　文字编辑页面示意图

图 5-42　输入文字

图 5-43　已完成为图片添加水印

　　最后，为了防止他人盗图，店主在对图片进行简单的裁剪后，可以调整水印的大小与位置，点触图片上的"水印"选项，旋转并放大水印。水印调整完毕后（见图 5-44），点触"√"选项。这样，图片添加的水印就可以很好地防止他人随意盗用了（见图 5-45）。

图 5-44　调整好的水印　　　　　　　图 5-45　水印添加完成

　　以上就是在美图秀秀软件中，为图片添加水印的基本操作步骤。实际上，使用美图秀秀软件为图片添加水印的操作非常简单，店主很容易就能学会。需要注意的是，由于店主美化图片的目的是吸引顾客，因此在调整水印时，一定要掌握好水印的大小及位置，避免文字过大或水印位置太突出影响了商品图片的整体美观，从而降低了商品图片对顾客的吸引力。

为图片添加边框以提高商品档次

　　为了制作一张精美的商品图片，店主可以为其添加一个漂亮的边框。为商品图片添加边框不仅能使商品图片更加美观，而且还能提高商品档次。那么具体怎样操作呢？

　　进入美图秀秀页面，在相册中选择需要添加边框的图片。在美化图片页面中（见图5-46），点触"边框"选项。进入边框页面后（见图5-47），就可以在该页面上看到三种边框风格，分别是海报边框、简单边框和炫彩边框。

图 5-46　美化图片页面示意图

图 5-47　边框页面示意图

如果选择海报边框，那么就可以在海报边框页面中选择一款符合商品的边框。选定好边框后，便成功为图片添加上了海报边框（见图 5-48）。为了让图片整体看上去更加美观，可以将图片调整到最佳位置（见图 5-49），然后点触"√"选项。当然，也可以点触"更多素材"选项，从中挑选自己喜欢的边框样式（见图 5-50）。

图 5-48　已添加
海报边框的图片

图 5-49　调整
好的图片

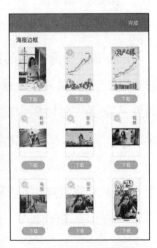

图 5-50　海报边
框中的更多素材

如果选择简单边框，那么可以点触"简单边框"选项。在简单边框页面中（见图 5-51），有很多边框可供选择，可以从中选择一款与商品相搭配的边框。选定好边框后，便成功为该图片添加上了简单边框（见图 5-52），再点触右下角的"√"选项即可。当然，也可以点触"更多素材"选项，从中挑选自己喜欢的边框样式（见图 5-53）。

图 5-51　简单边框页面

图 5-52　已添加边框的图片

图 5-53　简单边框中的更多素材

除了以上两种风格的边框以外，还可以选择炫彩边框，只要点触"炫彩边框"选项即可。在炫彩边框页面中（见图 5-54），可以根据商品的属性从众多炫彩边框中选择其中一款。选定好边框后，便成功为该图片添加上了炫彩边框（见图 5-55）。

当然，也可以点触"更多素材"选项，从中挑选自己喜欢的边框（见图 5-56）。选定好边框后，点触右下角的"√"选项，这时便成功为该图片添加上了边框样式（见图 5-57）。

图 5-54　炫彩边框页面

图 5-55　已添加炫彩边框的图片

图 5-56　炫彩边框中的更多素材

图 5-57　成功添加边框的图片

　　总而言之，使用美图秀秀软件为照片添加边框，不仅能让商品图片有一个清晰的轮廓，还能增强商品图片的视觉效果，给顾客更强烈的视觉冲击，从而激发顾客的购买欲。

5.3　批量处理商品图片

　　每次店铺新进一批商品，店主就该忙着上传商品图片了。最令他们头疼的是，商品图片太多，每一张都需要处理完才能上架，这可是一项巨大的工程。一张张地处理图片实在是一个笨办法，而且花费的时间多、成本高。所以，如何又快又省地完成图片后期处理，便成为了店主需要考虑的头等大事。好在美图秀秀新增加的批处理功能可以很好地解决这一难题。

批量修改尺寸

　　商品图片尺寸不一样时，如果直接使用它们，就会让顾客产生不舒服的感觉，用户体验比较差，相信这是店主不愿意看到的。那么，如果商品图片太多，店主该如何处理这些大小不一的商品图片呢？

　　首先，打开电脑版美图秀秀，在美图秀秀主界面中，会看见它的四项基本功能，分别是美化图片、人像美容、拼图和批量处理（见图5-58）。然后单击"批量处理"按钮。

图 5-58　美图秀秀主界面

如果之前未使用过"批量处理"功能，这时就会弹出下载提示对话框，单击"确定"按钮即可（见图5-59）。

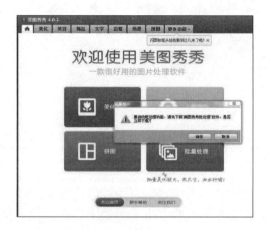

图5-59　"是否立即下载"提示对话框

进入美图秀秀批量处理界面后，单击绿色的"添加多张图片"按钮（见图5-60），在文件夹中单击需要调整尺寸的图片，再单击"打开"按钮即可（见图5-61）。

图5-60　单击"添加多张图片"按钮

图 5-61 单击"打开"按钮

这时，图片就显示在页面上了（见图 5-62），然后依次添加其他图片即可。当然，也可以直接将图片从桌面上拖进来。除此之外，如果需要处理的图片有很多，为了节省时间，也可以将需要处理的图片集中在一个文件夹中，直接单击这个文件夹，就能将所有需要处理的图片都显示在页面中，无需一张张地添加。

图 5-62 图片已添加

当所有的图片都显示在页面上后，单击"修改尺寸"按钮（见图 5-63）。

在"修改尺寸"选项区中（见图 5-64），可以看到"不修改尺寸"和"修改尺寸"两个单选框，此处选择"修改尺寸"单选框。

图 5-63 单击"修改尺寸"按钮

图 5-64 "修改尺寸"选项区

取消"保持原图比例"复选框勾选，并填写图片的宽度和高度，然后，单击蓝色的"保存"按钮（见图 5-65）。

这时，程序会弹出"批处理完成"对话框（见图 5-66）。如果你想看调整后的图片尺寸，可以单击"打开文件夹"按钮，然后就能看到所有的图片都做了统一的尺寸处理（见图 5-67）。如果对图片的尺寸不满意，还可以继续调整，直到满意为止。

图 5-65　单击"保存"按钮

图 5-66　"批处理完成"对话框

图 5-67　处理后的图片

以上就是图片尺寸的批量处理操作步骤，非常简单易学，就算你从没使用过美图秀秀软件，也能很快上手。掌握了美图秀秀的图片尺寸批量处理操作步骤后，店主再也不用为图片的尺寸大小不一而烦恼了。

批量转换格式

　　在拍摄商品图片的过程中，由于使用的摄影器材不同，拍摄出来的图片格式也不一样。店主该如何使用美图秀秀软件批量转换图片格式呢？

　　首先，需要将所有图片添加到批量处理页面中，然后单击"更多"按钮，在"更多"选项区（见图5-68）中单击"格式"下拉按钮，选择"jpg"选项（见图5-69）。最后，单击蓝色的"保存"按钮即可。

图 5-68　"更多"选项区

图 5-69　选择"jpg"选项

这时，就完成了批量修改图片格式的任务，程序会弹出"批处理完成"对话框（见图5-70）。如果你想看修改格式后的图片效果，可以直接单击"打开文件夹"按钮。在打开的文件夹中，你会看到所有图片都被修改成"jpg"的格式了（见图5-71）。

图 5-70　"批处理完成"对话框

图 5-71　已修改成"jpg"格式的图片

以上就是使用美图秀秀对图片格式进行批量转换的具体操作步骤。只要店主掌握了这些操作，即便格式不一样的图片有很多，也能轻松统一所有图片的格式。

批量重命名

美图秀秀的批量重命名功能非常实用，下面介绍一下具体的操作步骤。

添加完需要重命名的图片之后，单击"重命名"按钮，在"重命名"选项区中（见图5-72），选中"重命名"单选框，并依次填写"前缀"和"起始序号"文本框。填写完之后，单击蓝色的"保存"按钮（见图5-73）。

图 5-72 "重命名"选项区

图 5-73 单击"保存"按钮

这时，批量重命名的任务就完成了，程序会弹出"批处理完成"对话框（见图 5-74）。如果你想看图片处理后的效果，可以单击"打开文件夹"按钮，在打开的文件夹里，就能看到所有重命名过的图片了（见图 5-75）。

图 5-74　"批处理完成"对话框

图 5-75　重命名过的图片

只要店主掌握了美图秀秀批量重命名的操作步骤，即便有再多的商品图片，也能轻松搞定，这极大地节省了时间和精力。

5.4　多种商品图片的拼图组合

如果商品图片太多，店主可以使用美图秀秀将多种商品的图片进行拼图组合，这样不仅能消除单张商品图片的单调感，还能自由发挥创意，做出很多漂亮的组合造型，增强商品图片对顾客的吸引力。

自由拼图

　　在拼图功能中，自由拼图是一项非常不错的功能，它可以将多张图片整合在一起，使整合后的图片更吸引人。店主完全可以利用这一功能，将同一系列或同一价位的商品放在一张图片里，让顾客能够看到更多款式或不同颜色的商品，从而达到吸引顾客的目的。

　　那么，如何将多张商品的图片进行自由拼图呢？

　　在美图秀秀主界面中，点触绿色的"拼图"的图标（见图5-76），进入手机相册页面后，点触商品图片所在相册。进入相册页面后（见图5-77），就可以选择商品图片了，最多只能选择九张。选定的商品图片会自动出现在手机最下方。

图 5-76　点触"拼图"图标

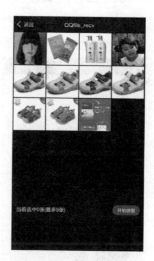

图 5-77　相册页面

　　如果店主突然改变了主意，或者不喜欢已选定的商品图片中的一张或几张，可以直接点触图片左上角的红色"×"选项，这样就可以将该图片删除。选择好需要拼图的图片后，点触蓝色的"开始拼图"选项。

拼图组合的方式有很多，美图秀秀系统默认的方式是模板拼图。店主需要找到并点触"自由"按钮，才能进入自由拼图页面（见图5-78）。在自由摆放商品图片之前，首先要做的事就是选择图片的背景，点触"选背景"按钮即可。

在背景列表中，可以看到各种各样的背景图（见图5-79）。背景图主要分为纯色背景和图片背景。如果这些背景图片都不喜欢，还可以选择"自定义背景"，也可以点触页面右上

图 5-78　自由拼图页面

角的"更多背景"选项，在打开的页面中有很多自由拼图背景（见图5-80）。店主可以从中选择一种即可，前提是它必须与商品图片相搭配。不过，这些图片不能立即使用，需要先下载，且所有图片都是免费的。

图 5-79　"背景列表"页面

图 5-80　"自由拼图背景"页面

当然，下载图片需要在登录状态下完成，因此要先注册一个美图秀秀的账号。完成注册并登录成功后，选中需要下载的图片背景，点触绿色的"免费下载"选项（见图 5-81），即可完成下载（见图 5-82），再点触"完成"选项，该背景就出现在背景列表中了。最后，点触该背景图片（见图 5-83），我们就能看到它显示在商品图片后面了。

图 5-81　免费下载

图 5-82　图片已下载

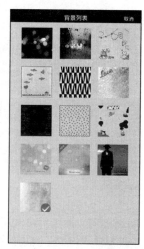

图 5-83　点触刚下载的背景图片

店主还需要对已选定的商品图片进行调整。店主可随意调整所有商品图片的大小、位置、方向等（见图 5-84），只要能够保持整张图片的美观即可。调整完毕后，点触右上角的"保存与分享"选项，这时就完成了商品图片的自由组合。美图秀秀会提示该图片已被保存到相册中（见图 5-85），如需上传该图片，只需到相册中找到并添加即可。

以上便是自由拼图的操作步骤，店主只要操作一次便能很快上手。店主能够利用自由拼图的优势，将多种商品的图片组合在一起，这样的图片通常比只有一种商品的简单图片更能打动顾客的心，也更能激发顾客的购买欲。

图 5-84　调整商品图片

图 5-85　图片已保存

图片拼接

如果将多种商品的图片拼接起来，就能在一张图片上展示多种商品。一般来说，在设计商品详情页时，店主可以使用照片拼接。与自由拼图相比，照片拼接的操作过程比较简单，只要选定商品图片，再选择与之相符的边框，便可完成拼接。那么，具体怎样操作呢？

与自由拼图一样，首先需要点触"拼图"图标。在相册页面中，点触该商品图片所在相册，在相册页面中找到并点触需要拼接的图片。选定商品图片后（见图 5-86），就可以点触蓝色的"开始拼图"选项。在拼图页面中点触"拼接"选项，就能看到拼接好的图片了（见图 5-87）。

其次，还需要为图片选择合适的边框，点触"选边框"选项，在边框列表中有很多无需下载便可直接使用的边框（见图 5-88），店主可以从中选择一种。如果这些边框都不喜欢，也可以点触最上面的"更多边框素材"选项，在"拼图边框"页面中选择自己喜欢并与商品图片相搭配的边框（见图 5-89）。选定好边框后，点触绿色的"免费下载"选项（见图 5-90），此边框很快就下载完成了（见图 5-91）。

图 5-86　已选定的商品图片

图 5-87　拼接好的图片

图 5-88　"边框列表"页面

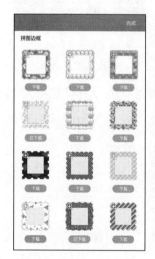

图 5-89　"拼图边框"页面

图 5-90　点触"免费下载"选项

图 5-91　边框下载完成

再次，在边框列表中找到并点触刚下载的边框（见图 5-92），这时便为拼接好的商品图片添加上了边框（见图 5-93）。最后，只需调整一下放置在拼接图片上的商品图片的位置就可以了。调整完商品图片，就可以点触右上角的"保存与分享"选项，拼图便成功保存到了相册中。如果想要看一下拼接好的商品图片效果，可以到手机相册中去查看（见图 5-94）。

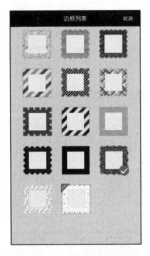

图 5-92　点触刚下载
的边框

图 5-93　边框
已添加

图 5-94　拼接好
的商品图片效果

　　店主在添加商品图片时，可以将已拼接好的商品图片直接放在商品详情页中，无需一张一张图片地添加，这样不仅节省了添加商品图片的时间，而且节省了存储商品图片的空间。

模板拼图

　　组合图片时，我们可以选择模板拼图的方式，向顾客展示更多的商品图片。采用这种方式不但省时省力，还能让顾客看到更多款式的商品，大大提高商品对顾客的吸引力。

　　那么，具体怎样操作的呢？

首先，点触"拼图"选项，在相册中找到并点触需要拼图的商品图片。其次，点触蓝色的"开始拼图"选项（见图5-95），进入到"模板拼图"页面（见图5-96）。在此页面中，我们可以看到所有图片都被自动放置在模板中，这个模板是美图秀秀系统默认的。如果你不喜欢这个模板，还可以选择其他的。

点触"选模板"选项，屏幕下方就会出现很多种模板（见图5-97），这些模板上显示的小模板数量是根据所选图片的数量自动变化的。例如，如果你选择了8张商品图片，模板上会显示8个小模板等，依此类推。

图5-95　点触"开始拼图"选项

图5-96　"拼图模板"页面

图5-97　拼图模板

选择模板时，店主需要考虑商品图片的形状，只要能将所有商品的图片完美地呈现在模板上，而且是自己所喜欢的模板，就可以选用。模板总共有10个，手机屏幕并不能同时将所有模板展示出来。如果没有看到合适的、喜欢的模板，也可以用手向左滑动模板，这样就可以看到刚才未显示的几个模板了。

选定好模板后（见图5-98），就可以选择与之相搭配的边框了。点触"选边框"选项，进入"边框列表"页面（见图5-99），这个页面中有很多种边框，店主可以从中选择一个自己喜欢且与商品图片相搭配的边框。选定边框后，边框就会直接显示在模板中，如果所选边框不合适，也可以重新选边框。如果边框列表中没有合适的边框，也可以点触"更多边框素材"选项，打开的页面中有很多拼图边框可供挑选（见图5-100）。

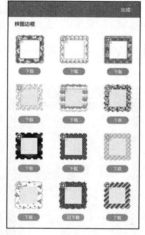
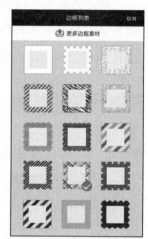

图5-98　模板已选定　　图5-99　　"边框列表"页面　　图5-100　　"拼图边框"页面

选定好边框后（见图5-101），还需要适当调整一下商品图片的位置，用手长按需要变换位置的图片，并将其拖动到适当的位置。此时，这两张商品图片就互换了位置。待所有商品图片都在合适的位置后（见图5-102），再点触"保存与分享"选项，该图片就被保存到相册中了。

以上就是模板拼图的具体操作步骤。与自由拼图相比，模板拼图更省时省力，无需根据边框调整图片的方向和大小，是那些"懒"店主们拼图组合的首选。总之，学会模板拼图，能让你在一分钟内将多种商品完全展示在一张图片中，再加上漂亮而匹配的边框，瞬间就能让你的商品图片变得更加美丽动人，吸引更多顾客的眼球。

图 5-101　边框已选定

图 5-102　调整商品图片位置

海报拼图

　　我们经常可以在时尚杂志封面上或电影海报上看到各位明星的完美形象，你是否想过将商品图片做出像海报那样炫目的效果，来吸引顾客的眼球呢？其实，美图秀秀也拥有这个功能，让你一秒就变身为海报设计师。

　　在美图秀秀中有一个拼图功能叫海报拼图，它是最有设计感的拼图模式。虽然它的功能比较简单，但为我们带来的海报拼图效果却非常不错。与模板拼图相比，海报拼图更具艺术性，它不像模板那样方方正正、规规矩矩，表现形式比较多样化，非常有个性，更能吸引人。那么，海报拼图的具体操作步骤是怎样的呢？

　　与前三种拼图方式一样，首先进入相册，挑选出需要拼图的商品图片。选中商品图片后，就可以点触蓝色的"开始拼图"选项，进入到拼图页面（见图 5-104）。其次，点触"海报"选项，就能看到默认的海报拼图效果图了（见图5-105）。如果你不喜欢这个样式，还可以选择其他样式。

图5-103　商品图片已选定　　　图5-104　拼图页面　　　　图5-105　默认的海
　　　　　　　　　　　　　　　　　　　　　　　　　　　　　　　报拼图效果图

　　之后，点触"选海报"选项，在海报列表中有很多海报拼图样式（见图5-106），选择其中一种即可。当然，如果这里没有喜欢的、合适的样式，也可以点触"更多海报拼图样式"选项，在打开的页面中挑选、下载其他样式（见图5-107）。选择海报拼图样式的操作与前面几种拼图方式的操作相差无几，这里就不再详细介绍了。

　　选定好海报拼图样式后，就可以看到海报的拼图效果了（见图5-108）。接下来，店主需要根据海报拼图的样式，适当调整一下商品图片的位置。不管是移动商品图片还是改变换图片的位置，调整好之后点触"保存与分享"选项，该图片就被保存在相册中了。

　　此外，选择海报拼图的样式时，也可以直接点触图片中间两侧的方向键，店主可以直接看见套用了新样式海报拼图。

　　总而言之，店主只要在海报拼图模板中挑选一个心仪的样式，就能自动生成一张独一无二的个性海报。这些海报样式看对照片数量有要求，但实际操作时，店主完全可以根据选择的商品图片进行拼图，就像自由拼图一样灵活。无论你是新手还是老手，只要你学会了海报拼图，就能让你轻松玩转拼图，拼出一张"星光璀璨"的个性图片。

图 5-106 "海报列表"页面

图 5-107 "海报拼图边框"页面

图 5-108 海报的拼图效果

5.5 一键搞定图片美化

顾客都是通过图片来了解商品，进而达成交易的。既然图片美化如此重要，店主就可以在处理图片时利用美图秀秀的特效功能来一键搞定照片的美化，使图片呈现出来的效果更完美。

LOMO 特效

在拍摄过程中，店主常常会因为拍到一张构图出色的照片而开心，但要想将这张照片的意境完全呈现出来，还需要做一些后期的调色处理。在美图秀秀中有很多比较流行的色调特效，如 LOMO 特效，各位店主可以将这些特效添加在商品图片上，创造出独特的视觉效果。

那么，具体怎样操作的呢？

首先，打开美图秀秀，将需要处理的图片添加到美化页面。其次，找到并点触"特效"选项（见图 5-109），进入"图片特效"页面（见图 5-110），在多种色调特效中选择一种与商品相搭配的特效。

图 5-109　点触"特效"选项

图 5-110　"图片特效"页面

这里以"经典 LOMO"特效为例（见图 5-111），点触该选项，商品图片就加上了相应的特效。如果你不喜欢这种特效，也可以点触"更多特效"选项，新打开的页面中选择一款符合商品特性的色调特效（见图 5-112）。这时，美图秀秀会弹出一个下载页面，点触绿色的"免费下载"选项即可完成下载（见图 5-113）。

下载成功后，点触蓝色的"确定"选项（见图 5-114），再点触"完成"选项，这时就能在图片特效页面中看到该特效了。然后，点触该特效，图片便加上了这种特效（见图 5-115）。最后，点触右下角的"√"选项，便可完成图片 LOMO 特效的添加（见图 5-116）。

图 5-111　点触"经典
LOMO"选项

图 5-112　更多特
效页面

图 5-113　点触"免费
下载"选项

图 5-114　点触"确定"
选项

图 5-115　已加上特
效的图片

图 5-116　已添加 LOMO
特效的图片

　　当店主选择的特效与商品图片相匹配时，就能极大地提升图片的意境。这样的图片不仅美观，还能让顾客更容易地体验到商品的真实感觉。

马赛克

如果有些商品图片不想让别人看清楚，店主可以利用"美化图片"中的马赛克功能，它能将图片上不适合出现的东西模糊掉。这是一个比较常见的图片处理功能，深受广大微店店主的喜爱。那么，具体怎样操作的呢？

首先，在美图秀秀主界面点触"美化图片"选项，并选择一张需要美化的图片。其次，在该图片显示在美化编辑页面中后，点触"马赛克"选项（见图5-117），进入"马赛克"页面（见图5-118）。我们可以看到很多款马赛克图案，从中选择一款就可以了。选定马赛克图案后，可以用手指调整添加马赛克的部位。

图 5-117　点触"马赛克"选项

图 5-118　"马赛克"页面

最后，在需要模糊处理的部位添加上马赛克后（见图5-119），点触右下角的"√"选项，该图片就被保存下来了（见图5-120）。

实际上，马赛克除了能将图片模糊，还可以突出主体。在马赛克样式列表中（见图5-121），店主可以选择喜欢且与商品图片匹配的图案，将其下载下来，之后就能在马赛克页面中看到该图案了（见图5-122）。

如果用马赛克将除了商品之外的所有地方都涂上，图片反而会因为添加了马赛克而呈现出另外一种美化效果（见图5-123）。

图5-119　已添加马赛克的图片

图5-120　已保存的图片

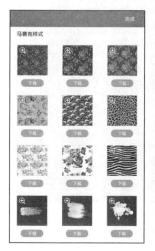

图5-121　马赛克样
式列表

图5-122　新添加的
马赛克样式

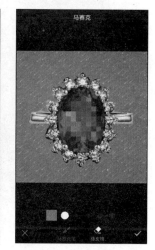

图5-123　已添加
马赛克的图片

　　总之，马赛克功能虽小，其作用却不容小觑。它不仅能模糊图片上需要涂掉的部位，还能当图片背景，突出商品。所以，掌握添加马赛克的基本操作是非常有必要的。

魔幻笔

美图秀秀中的"魔幻笔"功能能给你带来魔术般的特效体验。只需指尖轻轻碰触，就能为图片添加一个动感特效，堪称"指尖上的魔术"。那么，具体怎样操作呢？

在美图秀秀主界面点触"美化图片"图标，并添加一张图片。然后点触"魔幻笔"选项（见图 5-124），进入"魔幻笔"页面（见图 5-125），该页面展示了类似蜡笔形状的 10 多款魔幻特效，如烟花棒、丝带、四叶草、紫光等。

图 5-124　点触"魔幻笔"选项

图 5-125　"魔幻笔"页面

店主可以从这些特效中选择一款自己喜欢或与商品图片相匹配的特效，这里以"紫光"特效为例。选定特效后，可以用手指在图片上滑动，这时就能看到魔幻般的动态效果。随着手指的滑动，不同形状的特效就会出现在图片上（见图5-126）。喜欢在哪里添加到特效，就滑动到哪里，喜欢添加多少种特效完全由我们自己决定。在这些特效的衬托下，图片将会显得美轮美奂。

为图片添加完特效后，点触右下角的"√"选项，这时便成功地为图片添加上了特效（见图5-127）。

图 5-126　为图片添加特效

图 5-127　已成功添加特效的图片

为图片添加特效可以让图片充满动感，提高图片对顾客的吸引力。顾客看到这样的图片，就会产生想要拥有的欲望，进而提高成交率。所以，店主一定要学会使用"魔幻笔"，选择一款与商品图片相搭配的特效，让图片更加美丽动人。

背景虚化

在处理图片的过程中，为了使图片背景由深变浅，将焦点聚集在商品上，店主们常常会使用到"背景虚化"这一功能。对店主来说，选择什么样的背景做虚化，会对整个商品图片效果产生非常重要的影响。常用的虚化背景多为暗面，因为好虚化，而且整体效果也不错。

如果店主想要虚化商品图片的背景，可以使用美图秀秀中的"背景虚化"功能，它能够迅速对图片背景进行虚化，下面是具体操作步骤。

首先，在美图秀秀主界面点触"美化图片"选项，在相册中找到并点触需要编辑的图片，图片便会显示在美化编辑页面中（见图 5-128）。其次，点触"背景虚化"选项，进入"背景虚化"页面（见图 5-129），这时就能看到虚化背景的两种方式，一种是圆形虚化，另一种则是直线虚化。

图 5-128　美化编辑页面

图 5-129　"背景虚化"页面

此处选择 "圆形虚化"，下一步是选择焦距形状，页面中共有五种焦距形状（见图 5-130），店主可以根据个人喜好选择其中一种。选定好焦距形状后，它就显示在"背景虚化"页面中了（见图 5-131）。

触摸手机屏幕，背景虚化页面中就会显示一个光圈，将光圈移动到商品聚焦点，放大或缩小光圈都可以。锁定聚焦点后（见图 5-132），就可以松开手。然后，向左拉动虚化范围（见图 5-133），即可完成对图片的圆形虚化（见图5-134）。最后，点触右下角的"√"选项，该图片就被保存下来了（见图5-135）。

图5-130　选择焦距形状

图5-131　焦距形状已选定

图5-132　锁定聚焦点

图5-133　向左拉动虚
化范围

图5-134　已完成圆
形虚化的图片

图5-135　已保存的图片

当然，店主也可以选择"直线虚化"（见图5-136）。选择好聚焦形状后，就可以按住并旋转光圈，来调整聚焦点（见图 5-137）。锁定聚焦点后，就可以向左拉动虚化范围（见图 5-138）。然后，点触"√"选项，该图片便添加了直线虚化特效（见图 5-139）。

图 5-136　直线虚化

图 5-137　调整聚焦点

图 5-138　向左拉动虚化范围

图 5-139　已完成直线虚化的图片

虽然为图片做背景虚化能够起到突出主体的作用，但如果在拍照过程中没有选好背景，即使主体再好，整体的图片虚化效果都会大打折扣。所以，要想做好商品图片的虚化效果，店主就要选择一个好的拍摄角度。

5.6　人像图片的美容化妆

为了吸引顾客，很多店主都喜欢用模特来为商品代言。但是，由于现在的拍照设备像素值较高，模特脸上的毛孔、痘痘等都会被放大，非常影响商品图片的美观。要想解决这一问题，店主可以使用美图秀秀的"人像美容"这一功能。

人像美容

店主可以使用美图秀秀中的"人像美容"功能，对模特脸部进行适当美肤。

首先，打开美图秀秀，在相册页面中找到并点触需要美化的图片（见图 5-140），该图片便显示在页面中了（见图 5-141）。其次，点触"祛斑祛痘"选项。

在"祛斑祛痘"页面中（见图 5-142），你可以先点触"自动"选项。这时，模特脸上的一些斑点和痘痘就被自动去除了（见图 5-143）。当然，你可能认为这样的效果并不完美，所以你也可以手动去去除模特脸上未自动去掉的斑点和痘痘。最后，待模特脸上的斑点和痘痘去除干净后（见图 5-144），点触右下角的"√"选项，处理后的图片便被保存下来了（见图 5-145）。

图 5-140　手机相册页面　　图 5-141　需要美容的图片　　图 5-142　"祛斑祛痘"页面

图 5-143　自动祛痘　　　图 5-144　手动祛斑祛痘　　　图 5-145　保存图片

　　之后，点触"磨皮美白"选项，进入"磨皮美白"页面中（见图 5-146），对模特的皮肤进行磨皮、美白处理（见图 5-147）以及调整肤色处理（见图 5-148）。最后，点触右下角的"√"选项，即可保存图片（见图 5-149）。

　　此外，店主还可以点触"一键美颜"选项，在"一键美颜"页面中点触"自然"选项（见图 5-150），便能在一秒钟完成美肤处理，再点触"√"选项，该图片就成功完成人像美容了（见图 5-151）。

图 5-146　"磨皮美白"页面

图 5-147　美白皮肤

图 5-148　调整肤色

图 5-149　已保存的图片

图 5-150　自然美肤

图 5-151　美肤成功

　　与手动美肤相比，"一键美颜"的操作更简单，但它的美肤效果未必是最好的，店主可以根据实际情况来选择。总而言之，不管店主选择哪一种美肤方式，美图秀秀的"人像美容"功能都非常好用，而且操作简单。

添加彩妆

　　化了妆的女性，拍照时会显得更美。如果拍照时没化妆，该怎么办呢？

办法很简单，使用美图秀秀中的"人像美容"功能就可以了，这项功能里面拥有多种美容素材，只需进行简单的操作，就能将素颜变成彩妆。

既然美图秀秀中的"人像美容"功能拥有如此强大的美容效果，那么，店主在处理素颜照片时具体该怎样操作呢？

首先，在美图秀秀主界面点触"人像美容"图标，在"人像美容"页面中添加需要美化的图片，图片便显示在美化图片编辑页面中（见图 5-152）。由于模特的眼睛很大，没有黑眼圈，我们只需给模特简单化个妆就可以了。

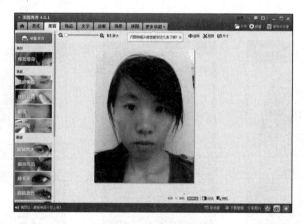

图 5-152　美化图片编辑页面

其次，单击"眼部饰品"图标，便会出现睫毛、眉毛、眼影和美瞳等选项。店主首先要为模特添加睫毛。在"睫毛"选项区中（见图 5-153），有很多睫毛可供选择。

店主可以从中选择一款睫毛，先选择上睫毛，调整一下上睫毛的透明度、旋转角度和素材大小（见图 5-154）。给模特配上上睫毛后，还需要为其选择一款下睫毛（见图 5-155）。

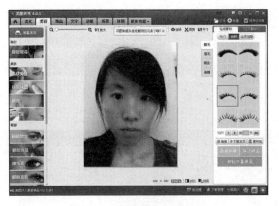

图 5-153　"睫毛"选项区

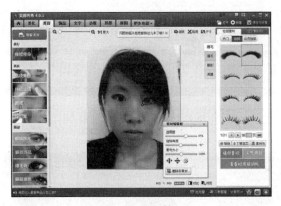

图 5-154　调整上睫毛

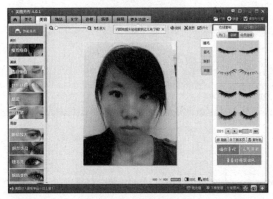

图 5-155　选择下睫毛

选好下睫毛后，就需要为模特戴下睫毛（见图 5-156）。与戴上睫毛一样，下睫毛也需要适当调整一下，才能放到正确的位置。给模特戴好上下睫毛后（见图 5-157），就可以单击"眼影"选项。在"眼影"选项区中，有很多不同颜色的眼影，店主可以从中挑选一种。

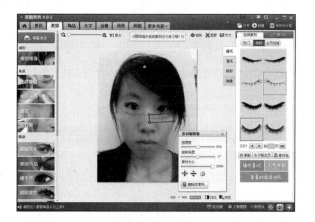

图 5-156　为模特戴上下睫毛

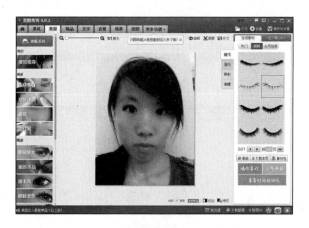

图 5-157　模特已成功戴上睫毛

选定好眼影后，店主就可以为模特画眼影了（见图 5-158）。不过，需要将眼影适当调整一下，如调整素材大小等。给模特画好眼影后（见

图 5-159），单击"美瞳"选项，为模特选择一款漂亮的美瞳。

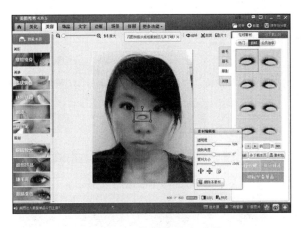

图 5-158　为模特画上眼影

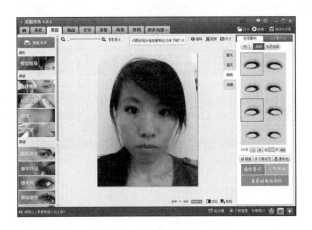

图 5-159　模特已画好眼影

　　在"美瞳"选项区中，选中一款美瞳后，可以在素材编辑框放大或缩小素材（见图 5-160），将美瞳调整为合适的尺寸，将其放入模特眼中。给模特戴上漂亮的美瞳（见图 5-161）后，单击右上角的"保存与分享"选项，即可完成彩妆的添加工作。

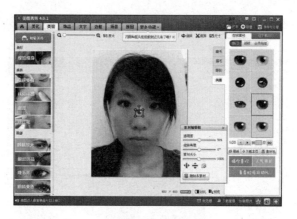

图 5-160　调整素材大小

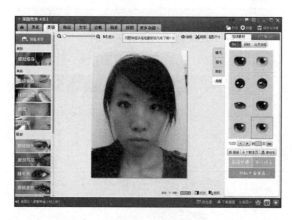

图 5-161　模特成功戴上美瞳

以上就是为模特添加彩妆的操作步骤。虽然操作比较简单，但想为素颜照片添加一个完美的妆容却并非易事，店主需要经过多次的选择和比较。只有将模特打扮得更漂亮，才能更好地宣传商品。

其他美容效果

利用"人像美容"功能不仅能将模特的皮肤变白，还能为模特画上美丽的彩妆，但这一些并不是它的全部功能。

1. 唇彩

要想让模特的妆容看起来粉嫩一些，可以为模特涂上唇彩。单击页面左侧的"唇彩"图标。进入唇彩编辑页面（见图 5-162），先调整唇笔的大小，将其调整到与嘴唇厚度一样，并选择一个比较合适的纯色，将其涂抹在嘴唇上。如果涂抹多了，可以使用"橡皮擦"功能将其擦除。

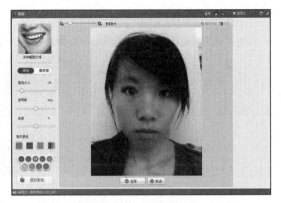

图 5-162　唇彩编辑页面

为模特涂完唇彩后（见图 5-163），单击"应用"选项。然后，选择"染发"，就可以为模特的头发进行染发了。

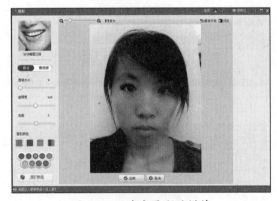

图 5-163　涂完唇彩的模特

2. 染发

在染发编辑页面（见图 5-164），店主可以先调整染发笔的大小，并选择染发的颜色。然后，再调整颜色的透明度。一切准备就绪后，就可以给模特的头发染色了。当模特的头发全部都染上颜色后，就可以单击"应用"选项（见图 5-165），完成染发（见图 5-166）。

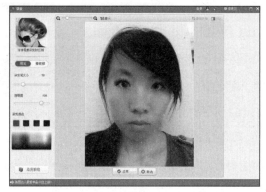

图 5-164　染发编辑页面

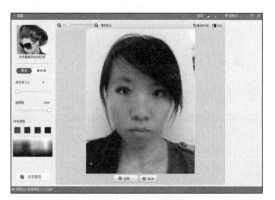

图 5-165　单击"应用"选项

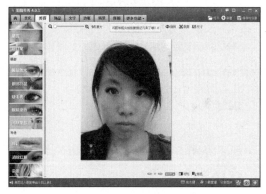

图 5-166　染完发的模特

3.腮红和文身

单击页面左侧的"美容饰品"图标，右边素材栏里会出现腮红和文身，都可以为模特添加上。首先，为模特选择一款合适的腮红。其次，调整腮红的透明度和大小（见图5-167）。最后，将调整后的腮红放在模特脸部合适的位置上即可。

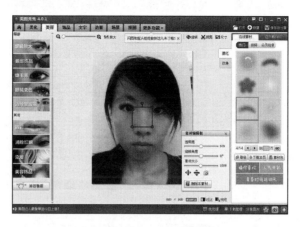

图 5-167　调整腮红的透明度和大小

为模特添加完腮红后（见图5-168），单击"文身"选项。在"文身"选项区中为模特选择一款漂亮的文身，然后调整文身的透明度、大小和旋转角度（见图5-169）。最后，将调整后的文身放在模特身上合适的位置（见图5-170），单击页面右上角的"保存与分享"选项，调整后的图片就被保存下来了。

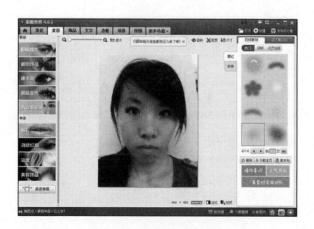

图 5-168　已添加腮红的模特

赢在视觉：微店设计、修图、装修一本通

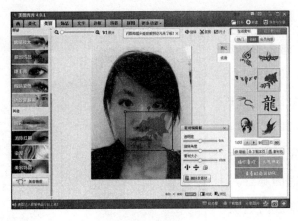

图 5-169　调整文身

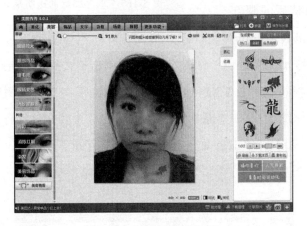

图 5-170　文身添加完毕

　　实际上，"人像美容"除了以上几种功能外，还有"消除红眼"等功能，这些功能的使用频率都非常高，而且效果不错。如果店主能灵活运用这些美容功能，就能让人像图片更加生动、美观。

第 6 章

微店商品详情页的设计

对微店来说，商品详情页的设计同样重要。一般情况下，顾客在店铺里看中一件商品，最想了解的就是商品的详细情况。当顾客进入商品详情页时，首先看到的是页面设计。如果页面设计十分美观，顾客就会继续往下看，脑海里还会产生想要拥有这款商品的想法。所以，商品详情页设计的好坏也会影响店铺的销量。

6.1 微店商品详情页与网店呈现的不同点

很多顾客都不清楚网店和微店的区别，他们以为微店就是网店，其实不然。微店依托的是手机，开店不需要过多的成本、资金投入和押金，也不需要自己找货源和囤积货源。而网店依托的是电脑，开店一般都需要缴纳保证金，需要自己找货源，而且商品品类过多、很难选择。不难看出，微店和网店在本质上是有很大区别的，正因如此，微店详情页和网店详情页的呈现也是不同的。

网店的商品详情页

如果十年前你对阿里巴巴陌生，五年前你对淘宝陌生，一年前你对微店陌生，那么，你现在肯定对这些都已经不再陌生。在移动互联网时代，在淘宝上开店早已不是什么新奇的事，但要把淘宝店经营好，并非那么容易。要想经营好淘宝店，店主必须舍得付出，首当其冲的就是装修。

那么，淘宝店的商品详情页上都有哪些东西呢？

在网店的商品详情页上（见图 6-1），可以看到商品的详细信息，主要包括：商品的一口价、商品促销价格和促销时间、商品月售出数量、付款方式、商品尺码、颜色等。当然，顾客还能通过商品详情页了解卖家的相关情况，如卖家是否提交了保证金，是否加入了消费者保障服务，以及卖家承诺等。

图 6-1　商品详情页

　　除此之外，有关商品属性的信息也比较完整（见图 6-2）。网店想要长久地经营下去，打折促销是必不可少的（见图 6-3）。在传统的网店中，店主可以赠送顾客优惠券，而微店则没有这项功能。

图 6-2　商品属性信息

图 6-3　打折促销信息

　　在网店中，促销海报是非常抢眼的（见图 6-4），有些顾客就是看了海报才进入店铺选购商品的。

　　以上就是网店商品详情页的主要设计元素，对于微店店主来说，虽没有必要掌握网店的商品详情页的设计方法，但也必须要了解它的呈现方式。只有这样，才能明白网店与微店在商品详情页上的不同之处。

图 6-4　促销海报

微店的商品详情页

对于顾客来说，商品详情页是他们了解商品的窗口，它就像一扇布置精美的橱窗，不仅能给顾客带来视觉享受，还能为顾客提供关于商品的大量信息。

在微店购物时，顾客最关注的就是商品详情（见图6-5和图6-6），所以商品详情页的设计非常重要，它不仅会影响顾客对店铺的印象，也会直接影响顾客的购买欲望。

图6-5　商品详情页1

图6-6　商品详情页2

那么，一个好的微店商品详情页是怎样设计出来的呢？

在进入商品详情页之前，需要点触微店APP进入到微店。进入微店首页后，店主需要点触"商品管理"图标（见图6-7）。

在商品管理页面中（见图6-8），店主需要点触右上角"添加"选项，进入"添加商品"页面（见图6-9）。店主可以在这个页面中添加商品图片，并填写商品描述、商品价格、商品库存等。值得注意的是，店铺首页只会显示商品描述的部分文字，大概有 18 个字，因此前十几个字一般被设计为标题或关键字。输入完标题后，店主还可以继续输入商品的其他信息。不过，商品描述暂时不支持表情等特殊字符。

图 6-7　点触"商品管理"图标

图 6-8　"商品管理"页面

图 6-9　"添加商品"页面

然后，点触右上角"完成"选项，商品就添加成功了（见图6-10）。之后再点触"编辑商品"选项（见图6-11），这时就可以对商品信息进行修改了。

图6-10　添加商品成功

图6-11　编辑商品页面

　　商品信息修改成功后，点触"完成"选项保存页面，之后就能看到完整的商品详情页了（见图6-12）。

　　在设计商品详情页时，商品图片的背景要尽量小一些，否则，商品图片经过编辑、压缩后，很多想要表现的内容都无法展现出来。另外，店主可以使用Photoshop或其他图片处理软件，建立一个宽度为480~620像素的画布，按照一定的设计方法，把商品图片设计成网页样式。然后再使用图片切片功能切割商

图6-12　商品详情页

品详情页。

与网店详情页相比，顾客可以在微店详情页中更直观地看到商品，如果顾客喜欢该件商品，可以直接收藏起来。如果顾客有什么问题还可以直接联系店主，与店主沟通起来更方便。

总而言之，微店商品详情页直接反映了微店的形象。在设计微店商品详情页时，店主一定要设计好商品图片，突出主体，同时还要准确描述商品，将商品卖点完美地展示出来。只要做到这些，就可以设计出一个成功的微店商品详情页，以达到吸引顾客目光的目的。

6.2 微店商品详情页的设计

对顾客来说，他们了解某件商品时，首先看到的就是商品详情页，如果商品详情页的设计不够规范，设计思路比较混乱，顾客就会很茫然，不知道该商品的卖点是什么，也就不清楚它是否是自己需要的商品，甚至会对详情页产生反感，进而关闭页面。所以，商品详情页设计对微店来说非常重要。

设计规范

精美、创意丰富的商品详情页能够增加商品对顾客的吸引力，同时，合理设计商品详情页也是店主打造店铺的关键一步。在设计微店商品详情页时，店主一定要注意以下三点设计规范。

1.商品主图设计规范

对店主来说，商品的主图设计是商品详情页设计的重点之一，因为顾客在店铺中浏览商品时，观看商品主图的时间是最长的。所以，设计商品主图时，我们可以用图文并茂的形式向顾客展示商品，只有这样，顾客才能在最短的时间内了解商品详情（见图 6-13）。

2. 商品描述设计规范

除了商品主图，商品描述也是很重要的。商品描述不仅要突出商品的卖点，还要突出商品的真实性，体现出商品的优势（见图 6-14）。

图 6-13　商品详情页

图 6-14　商品描述

3. 商品价格设计规范

微店商品详情页设计还有很重要的一点就是商品价格。顾客在微店购买商品时，首先关注的就是商品价格。所以，店主需要在商品质量的基础上，对顾客能够接受的价格进行分析，将价格设置在用户比较容易接受的区间（见图 6-15）。

总而言之，微店商品详情页面需要结合多个方面的设计规范，店主必须合理搭配，才能让店铺脱颖而出，赢在起跑线上。

图 6-15　商品价格

设计思路

对微店店主来说，商品详情页的设计很重要。如果商品详情页设计出色，就能有效吸引顾客眼球，促使顾客快速下单。

实际上，商品详情页包含的内容有很多，比如商品款式、材质描述、尺码说明等。在设计这些内容之前，店主必须要有一个清晰的设计思路，才能一步一步地做好商品详情页。那么，在设计商品详情页时，店主需要遵循哪些设计原则呢？

1. 明确自己的理念和风格

店主要明确自己的经营理念、经营种类和经营风格。如果店主经营的是一家女性服装微店，那么很显然，该店的目标消费者就是女性。店主在设计商品详情页时，就必须了解绝大多数女性朋友喜欢的是哪种风格。

2.明确自己的目标人群

店主要明确自己售卖的商品是面向哪个消费群体的，是年轻人还是中年人，是白领还是学生。明确目标消费者后，就可以按照消费群体来设计商品详情页了。比如，店铺售卖的服装主要是卖给二十几岁的年轻女孩（见图6-16），店主就可以按照二十几岁女孩喜欢的风格和样式来设计商品详情页面。

图 6-16　商品详情页

3.明确商品详情的内容

店主需要明确商品详情页的内容，比如焦点图、推荐热销单品、商品详情、尺寸表、产地以及颜色等。除此之外，店主还可能需要准备模特图（正面、侧面）、实物平铺图、场景图（自由风、潮流）、商品细节图（帽子、袖子、拉链、吊牌、纽扣），还有同类商品对比、搭配推荐、购物需知（如邮费、发货、退换货、商品洗涤保养、售后问题等）等内容。不过，在设计这些内容之前，店主要先给商品定位。

4. 准备设计素材

明确上面三个方面后，店主就可以根据目标顾客、商品卖点和商品风格的定位，准备所需的设计素材了。当然，在设计商品详情页时，由于要用到文案，所以店主还要确定配色、字体和排版风格等。同时，店主还要寻找能够突显宝贝特性的地点。例如，如果售卖的商品是防晒衫，就可以将背景设计为海边。

5. 做调查，检查思路是否合理

最后，设计商品详情页之前，店主还要进行市场调查和同行业调查，这样做的目的是了解行业中同款商品的价格和服务。同时，店主也要做好消费者调查，认真分析目标人群的消费能力、喜好以及顾客购买时在意的问题等。

当然，不同行业需要不同对待。在没有找到思路之前，店主可以先收集同行业销量排前几名的店铺的商品详情页，分析其布局和文案。先模仿后创作，也能避免少走弯路。

微店商品详情页设计案例

WIS（微希）于2010年成立，是一家以"为年轻而生，以拯救年轻肌肤为己任"为定位的护肤品公司，主要是为年轻人解决痘痘、黑头、毛孔粗大等皮肤问题（见图6-17）。经过多年的发展，WIS已成为国内热销品牌之一。究其成功的原因，我们可以发现，WIS之所以热销，不仅是因为商品好，还有一个重要的因素就是它的商品详情页的设计夺人眼球（见图6-18）。

图 6-17 WIS 热销页面

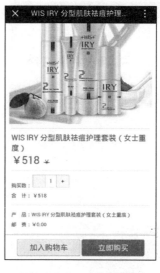

图 6-18 商品详情页设计

WIS 是由淘宝转微店的。转入微店之后，WIS 为了获取粉丝，除了传统的实物奖品、优惠券、会员等级奖励以外，其也在商品详情页的设计方面下了很大功夫，并成功获取了大量粉丝（见图 6-19）。那么，其商品详情页是怎样设计的呢（见图 6-20 和图 6-21）？

图 6-19 WIS 微博粉丝数量

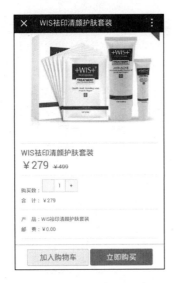

图 6-20　WIS 商品详情页　　　　图 6-21　WIS 品牌定位页面设计

　　WIS 的商品详情页面设计简单，内容丰富。因此，成功获得了顾客的喜爱，原因有以下三点。

　　第一，商品详情页设计风格简单。这种简单的页面设计会给顾客一种干净的感觉（见图 6-22）。WIS 经营的主要是护肤商品，其宗旨是为顾客解决皮肤问题，因此，商品详情页就不能设计得过于复杂。

　　第二，内容丰富。WIS 的商品主要靠图片体现，文字只起到辅助作用（见图 6-23）。在图片的基础上添加少数文字，就能让画面看起来更加和谐。

　　第三，外形美观。WIS 的商品详情页设计虽然简单，但其商品外形比较美观，所以，才能在众多商品中突显出来（见图 6-24）。

　　不难看出，WIS 的成功与其商品详情页的设计是息息相关的。WIS 通过完美的商品详情页设计成功地将商品销售出去，这也是其用心设计的回报。

图 6-22　WIS 商品详情页　　　图 6-23　WIS 商品展示　　　图 6-24　WIS 商品外形

6.3　微店商品详情页案例分析

　　微店的出现迎合了移动互联网的发展趋势，并创造了新的交易方式，引领了移动互联网时代电子商务领域的创新。在微店创业的路上，已经有不少人走上了成功之路，如"哈爸""重庆烧白哥"、WIS 护肤品等。他们能取得成功，自然有与众不同的地方。

　　正在经营微店的店主们要想像他们一样获得成功，就必须研究他们的微店是如何装修的，他们的商品详情页是如何设计的。"他山之石，可以攻玉"，他人的成功是可以效仿的，甚至是可以超越的。

性别分析及案例

　　通常来说，顾客进店一看，就能看出这家店铺的目标消费者是男性还是女性。例如，进入一家卖服装的店铺，发现架上都是连衣裙、黑丝袜以及超短裙（见图 6-25），就知道这家店卖的是年轻女性的服装，或者说这家微店的目标消费者是年轻女性。

男性和女性的消费偏好不一样，需求不同，商品供应和店面设计自然也就不同。

小华是刚毕业的大学生，找工作时处处碰壁，在朋友的介绍下做起了微店。她经营的是一家女性服装店，刚开始，她只在朋友圈做营销。因为只卖女装，几乎没有男性顾客。之后不久，她发现自己朋友圈的大部分女性即将走进职场，而她卖的

图 6-25　女性服装微店

都是学生装。意识到这一点后，她开始卖一些偏成熟的套装。果然，朋友的询问慢慢多了起来。之后，小华微店的生意越来越好，即使只面向女性市场，也不影响她赚钱的速度。后来有人问小华"怎么想到只卖女性衣服呢"小华说："女孩子天生就爱美，只要衣服好看，就不怕没人买。"

实际上，小华的店铺之所以会越来越好，跟她的商品详情页设计也有很大的关系。小华微店的商品详情页中，商品图片都是经过千挑万选的，每张图片设计得都很完美，能够准确地将商品的特点完美地展示出来。尤其是衣服的一些细节，小华都是将其放大，让顾客看得非常清楚。这样一来顾客因为对商品了解得比较透彻，就会选择购买。

除此之外，小华每款衣服的图片展示都是与众不同的。每张图片都比较真实，没有过度美化，同时还添加了特殊效果，使得图片看起来更吸引人。所以，她的店铺生意越来越红火。

王敬曾是一名体育爱好者，他的朋友 80% 都从事与体育相关的行业，

而且身高都高于常人。王敬在离开运动队之后，发现好多人都在做微商，他也加入了这个行业。不过，他卖的是运动鞋。他有一些打篮球的朋友，看到他卖的商品都很感兴趣，一般都是团购。以前一起工作的同行，都对他店铺里的商品很感兴趣，因此他的微店生意出奇地好。

王敬的微店之所以受到同行的欢迎，跟他的精准定位有直接的关系。首先，他是一名体育爱好者，了解体育，也了解同行的喜好。他在设计商品详情页时，考虑到所售商品是运动鞋，有意添加了一些体育元素。所有的商品展示图片都能让顾客感觉到一种奔跑的感觉，顾客顿时感觉自己充满了活力，这种正能量是最吸引他们的地方。

另外，王敬描述商品时，也会添加一些正能量的文字。同时，文字描述非常简单，非常准确地向顾客展示了商品的卖点。除此之外，他会将商品的材质以图文并茂的形式向顾客展示，让顾客对商品质量有更深入的了解。

而且，他还会将每款商品的洗涤知识告诉顾客，以免顾客以错误的方式清洗鞋子，缩短鞋子的使用寿命。王敬贴心的商品详情页设计使他的店铺深受广大顾客的喜爱。

拿服装来说，男女衣服首先有大小区别，因此在设计中就要注重男女有别。女性服装应突显女性的身材（见图6-26），而男性服装以合身为主（见图6-27）。

通常情况下，男性和女性商品都是分开卖的，男士服装专卖店和女士服装专卖店的店标、店名、图案、描述、性质以及商品详情页的设计都不一样。所以，把两家店放在一起时，很容易就能区分出来（见图6-28和图6-29）。

图 6-26　女性服装

图 6-27　男性服装

图 6-28　女士服装专卖店

图 6-29　男士服装专卖店

一般来说，经营男性服装商品的微店，其详情页设计有以下两个特点。

（1）突出服装材质。男性顾客比较重视服装的质量。他们购买衣服时，一般会关注这件衣服的材质，穿在身上是否舒服等。如果男性顾客觉得这种材质的衣服穿起来非常不舒服，就不会选择这种材质的衣服。反过来，如果衣服的材质和款式是他们所喜欢的，那么他们就会快速下单。

所以，男性服装的材质必须详细介绍，越具体越好，这样不仅方便了男性顾客挑选适合他们的衣服，还能极大地提高达成交易的几率。

（2）商品描述要简单。一般来说，对于男性服装的描述越简单越好，只要突出商品卖点就可以，切不可长篇大论，以免引起男性顾客的反感。因为男性顾客最不喜欢文字的大量堆砌，他们只想知道衣服是否符合他们需求，他们购买商品很理性，不会因为华丽的商品描述而心动。

以上就是男性服装详情页设计的两个特点，而这些特点与女性服装详情页的特点有很大的区别。接下来，我们介绍一下女性服装详情页的设计特点。

（1）服装展示。一般来说，女装的服装有正面、反面和侧面三种展示方式，结合使用三种方式能让女性顾客对服装全貌有一个大致的了解。除此之外，模特的姿势分为坐姿和站姿，店主可以展示这两种不同姿势，让女性顾客了解衣服穿到身上的效果是怎样的。当然，同款衣服都是有很多种颜色的，这些不同颜色的服装也非常有必要展示出来，以便让女性顾客从中选择一款自己喜欢的颜色。

（2）展示衣服细节。女性顾客通常比较关注衣服的细节，所以，店主设计女装详情页时一定要放大女装的细节部分，主要包括袖口、腰间装饰（腰带、系带）、拉链、衣领、裙摆等。

（3）要有衣服配饰。女性是感性的，她们在挑选衣服时，常常会被图片精美的服装搭配所吸引。所以，店主拍摄女装时，可以适当地搭配一些饰品，如包包、眼镜、手机、帽子、手表、杯子等。它们能够增添衣服的美感，吸引顾客购买商品。所以，设计商品详情页时，店主一定要多放一些有衣服配饰的图片，这样就能增加商品对女性顾客的吸引力。

（4）文字描述多一些。女性顾客在购买服装时会比较在意文字描述。

她们喜欢新款、时尚的衣服，如果商品描述中有"时尚""新款"等字眼，她们通常都会多看几眼的。所以，店主在设计商品详情页时，文字描述可以多一些。如果文字间饱含情感，就更能打动女性顾客的心。

以上就是女性服装详情页的设计特点。对于这些，店主一定要多观察，多留心。

价格分析及案例

即便是同样的商品，由于材质、产地等因素，其价格也会有所不同。正因为如此，店主在设计商品详情页时，必须要考虑到商品的价格，并通盘考虑设计方案。通常来说，根据商品的价格，我们大致可以将其分为高客单价和低客单价两类。下面我们以实际案列进行分析，希望能给广大微店初学者带来一定的启发。

1. 低客单价商品详情页设计

（1）案例一。如图6-30和图6-31所示，两种商品都是低客单价的奶瓶，但是商品页设计方式却不同。图6-30是低客单价商品详情页正确的设计形式，简洁明了、卖点突出，没有太多的文字堆砌，最终通过巧妙的设计反而呈现出一种高端的感觉；图6-31是低客单价商品详情页错误的设计形式，文字堆砌太多，重点不突出。

从这两张图不难看出，在设计上，低客单价奶瓶的详情页画面要干净，必须突出重点，商品卖点要阐述清楚，并要注意使用短平快的策略达到刺激顾客购买欲望的目的。如果文字堆砌太多，会让顾客找不到重点。即便商品的价格再低，也没有办法引起顾客的注意，还容易让顾客产生一种杂乱无章的感觉。

（2）案例二。一般来说，低客单价的商品主要是以销量和好评来吸引消费者的关注。为了进一步刺激顾客的消费欲望，店主可以在商品详情页中利用图文凸显出商品的卖点（见图6-32）。图6-33中，由于文字太多，没有图片，顾客会感到厌烦，没有心情去阅读相关内容，这种呈现方式是很难吸引顾客的。所以，最佳的呈现方式之一就是图文结合，少文多图，突出商品卖点。

图 6-30　低客单价商品详情页 1

图 6-31　低客单价商品详情页 2

图 6-32　图文形式的商品详情

图 6-33　文字形式的商品详情

2.高客单价商品详情页设计

图 6-34 和图 6-35 展示的都是婴儿推车，但采用了两种不同的设计方式。一般来说，高客单价商品的消费者比较关注的是商品参数信息，在展示商品尺寸信息时，最好不要将参数直接列出，而要用比较直观的方法向顾客展示，这样做在方便顾客理解的同时还能够极大地提高成交率。

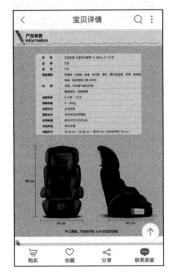

图 6-34　商品参数信息图 1

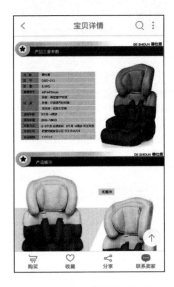

图 6-35　商品参数信息图 2

另外，由于手机屏幕较小，在展示商品细节时尽量用大图，同时还要配以清晰、简洁的文字（见图 6-36）。做图文设计时，文字尽量大而简，不能小而多（见图 6-37），避免顾客看不清文字。总之，设计商品细节图时，一定要遵守大图大字的原则，只有这样才能让顾客直接通过图片就了解到商品的特点。

图 6-36 大字的商品细节设计图

图 6-37 小字的商品细节设计图

除此之外，设计高客单价商品详情页时，店主可以利用"品牌背书"来增加顾客对你的信任感。展示完商品卖点后，可以进一步强调权威认证，展示安全认证证书或品牌授权证书，这在一定程度上就消除了顾客的不信任感（见图 6-38）。

总而言之，商品的价格不同，其页面呈现方式也会不同。在设计商品详情页时，店主一定要根据商品价格去设计，切不可根据自己的意愿随意设计，以免影响消费者的购物情绪，进而影响销量。

图 6-38 认证证书

年龄分析及案例

要想在微店中脱颖而出，店主就必须重视微店的装修，尤其是商品详情页的设计。对店主来说，商品详情页很重要。在设计商品详情页的过程中，由于商品不同，其目标人群也不同。以下是微店商品页年龄分析及案例，各位店主可以学习并借鉴。

1. 儿童商品详情页设计

如图 6-39 和图 6-40 所示，同样是婴儿套装，但它们的展示方式却是不同的。图 6-39 中模特展示的是衣服的正反面，这种直观的服装展示更容易打动顾客，激发顾客的购买欲；图 6-40 的模特展示的是衣服侧面，无法看到衣服全貌。

图 6-39　婴儿套装商品详情页设计

图 6-40　婴儿套装商品详情页

另外，模特展示服装时，必须使用大图（见图 6-41），而不是小图（见图 6-42）。这样做的目的是拉近顾客与衣服的距离，让顾客能够将衣服看得更清楚，更真切。当然，店主也可以将衣服图片悬挂并放大。

实际上，很多顾客在购买儿童衣服时，比较关注的是衣服的洗涤问题。店主在设计商品详情页时，也可以将这些小常识展示给顾客（见图 6-43），这样会让顾客感受到店主的贴心，在顾客心中留下良好的印象。

图 6-41 模特试穿套装的大图展示

图 6-42 模特试穿套装的小图展示

图 6-43 衣服的洗涤知识

2. 中老年人商品详情页设计

图 6-44 和图 6-45 所示展示的都是中老年服装，但描述商品特点的字体大小却不同。由于中老年人的视力不太好，在设计商品详情页时，店主一定要考虑到这一点，适当放大字体，让目标人群更方便地了解商品。

图 6-44　大字体的商品描述

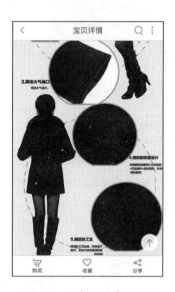

图 6-45　小字体的商品描述

另外，如果想让顾客购买商品，就得给顾客一个购买的理由。你说服顾客的理由可以是商品的特色，还可以是细节展示，但最好不要用顾客的好评来说服顾客（见图 6-46）。因为这些图片不仅会引起顾客的反感，而且会影响页面的美观，页面整体看起来会让人产生心烦意乱的感觉，产生反效果。

实际上，中老年人购买商品时，他们更关注商品的细节（见图 6-47）。在设计商品详情页时，店主可以放大商品细节，即使没有文字也可以。这样做的主要目的是让顾客将商品的细节看得更清楚，从而提升成交率。

图 6-46　顾客的好评

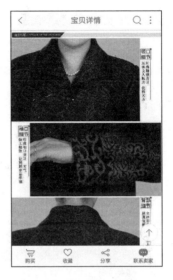

图 6-47　商品的细节展示

　　总而言之，不同年龄段的消费者对商品的需求不同，消费偏好也不同。不管店主经营的是什么类型的商品，都要做好目标人群的年龄分析。同时，店主也要做好市场调查，只有这样才能在微店中崭露头角。

风格分析及案例

　　提到风格，大家肯定会首先想到时尚、潮流等。其实，风格有很多种，不同的风格体现为不同的特点。在微店中，由于经营的商品类型不同，自然就有各自不同的风格，比如，卖时髦服装的比较时尚、卖童装的比较可爱等。这些都是不同微店表现出来的不同风格。在设计商品详情页时，对于不同风格的商品，店主可以借鉴以下两个案例进行设计。

　　1. 可爱风格商品详情页设计

　　图 6-48 和图 6-49 展示的都是可爱的服装，但设计方式却不太一样。图 6-48 是将不同颜色的同款商品全部罗列在一张图片上，这种商品呈现

方式虽然方便顾客挑选衣服，但图片太小，对顾客的吸引力较弱，如果顾客不感兴趣，是不会去挑选商品的。相比之下，图 6-49 所展示的商品更大气、高档，也更可爱，对顾客的吸引力更强，顾客下单的概率自然更高。

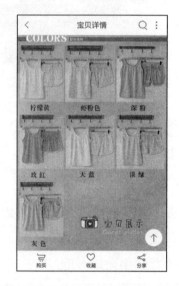

图 6-48　可爱风格的服装展示图 1

图 6-49　可爱风格的服装展示图 2

顾客往往比较关注衣服的款式，为了方便顾客挑选衣服，在可爱服装的展示图中，店主可以将每件衣服的款式以文字形式进行说明，让顾客知道该件衣服属于何种款式。即便衣服款式种类有很多，顾客也会记住自己比较喜欢的那款。同时，店主需要处理模特试穿图片，只要突出重点即可，也可以将多款商品的展示图组合，以便顾客进行对比，选择自己最喜欢的那款。

2. 职业风格商品详情页设计

图 6-50 和图 6-51 展示的都是职业风格的服装，但展示的方式却相差甚远。图 6-50 直观地向顾客展示了衣服的样式，模特的姿势是站姿，

更能体现衣服的曲线美。图 6-51 中的模特虽然也是站姿，但所占空间太大，距离顾客太近，给人咄咄逼人的感觉，会让顾客产生非常不舒服的感觉。同时，该图片没有将模特显示完整，严重影响了图片的展示效果。

图 6-50　模特试穿衣服展示图 1

图 6-51　模特试穿衣服展示图 2

一般来说，顾客挑选职业衣服时，比较重视服装的细节展示。所以，设计商品详情页时，店主一定要将服装的细节放大（见图 6-52），这样才能让顾客看得更清楚，对衣服有更深入的了解。如果细节展示图较小（见图 6-53），不但会给顾客看清衣服细节造成障碍，而且小图对顾客的吸引力也较弱，对于这一点，店主一定要引起重视。

总而言之，商品的风格有很多，店主在设计商品详情页时，要根据不同商品的特点进行有针对性的设计。

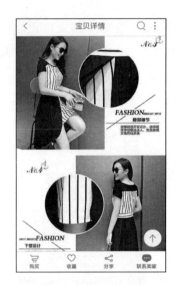

图 6-52 较大的服装细节展示图　　　　　图 6-53 较小的服装细节展示图